遥感影像色彩一致性处理方法

郭明强 著

科学出版社

北京

内 容 简 介

本书内容由浅入深，循序渐进，涵盖遥感影像色彩一致性处理的完整过程。全书共 10 章，首先介绍遥感影像色彩处理方法的技术现状，然后分别介绍基于色块提取的遥感影像色彩一致性处理方法和基于粗分类的遥感影像自适应色彩转换方法。本书内容涉及遥感影像色块提取、色彩平衡、影像分割、色彩转换等算法流程，重点介绍阈值的自适应选择、影像色彩处理过程中不同色块接边区域的处理算法，可为遥感影像数据的加工处理提供算法指导。

本书可作为测绘、遥感、地理信息系统、计算机等领域，特别是遥感影像处理方向的科研工作者的技术参考书，也可作为高校相关专业师生的教材和教学参考书。

图书在版编目（CIP）数据

遥感影像色彩一致性处理方法 / 郭明强著. — 北京：科学出版社，2024. 6. — ISBN 978-7-03-078677-7

I. TP751

中国国家版本馆 CIP 数据核字第 2024BX8520 号

责任编辑：杜　权　刘　畅/责任校对：高　嵘
责任印制：彭　超/封面设计：苏　波

科 学 出 版 社 出版

北京东黄城根北街 16 号
邮政编码：100717
http://www.sciencep.com

武汉市首壹印务有限公司印刷
科学出版社发行　各地新华书店经销
*

开本：787×1092　1/16
2024 年 6 月第 一 版　　印张：10 1/2
2024 年 6 月第一次印刷　字数：240 000

定价：118.00 元
（如有印装质量问题，我社负责调换）

前言

近些年来，随着遥感技术的不断发展，遥感影像应用的范围越来越广，人们能够从遥感影像中获取到非常丰富的地理信息数据。获取遥感卫星影像时，影像的亮度分布和整体色彩差异等对其后续应用有重大的影响，直接决定影像能否被有效解读和利用。大范围地区的遥感影像往往是由多张影像拼接而成的，拼接后的单幅影像数据很容易受不均匀光照和传感器差异等条件的影响，使影像中出现局部的亮度和颜色差异，这些差异严重影响影像的质量和视觉体验，不利于后续相关应用的进行。因此消除影像中的亮度和色彩差异，保持影像整体的色彩一致性，对影像的分析和应用具有重要的意义。

本书针对单幅多源影像拼接中存在的亮度和色彩差异问题进行研究，通过分析现有遥感影像色彩一致性处理算法的优缺点，提出一种遥感影像色彩一致性全自动处理方法。首先提出一种自动化提取影像中所有色块的方法，其主要原理是结合 HSV 颜色空间能更好感知颜色差异的特点，在该颜色空间中经过大津法分割影像、小连通区去除、图像闭运算和轮廓拟合等影像处理后自动化提取影像中所有色块。然后，针对影像的色块提取结果，选择适用性更强的颜色转移算法。随后在该算法的基础上提出一种针对影像中任意感兴趣区域的色彩一致性处理方法，并对每个色块提取结果进行色彩一致性处理，将各个色块的颜色转移结果进行合并。最后，针对色块拼接处存在的局部色差区域进行精确定位，并利用一种自适应参考区域的 Wallis 匀色算法对该区域进行处理，最终获得视觉效果较好的结果影像。

通过将影像分析与色彩转换相结合的方式，可以确保来自不同传感器或不同时间段的影像之间的色彩一致性。但是在基于全局的遥感影像色彩转换过程中，一旦原始影像和参考影像之间对应地物类别的像素数量比例差异较大，就会出现颜色信息匹配不理想的情况，最终造成结果影像中的地物色彩失真。为了解决上述问题，本书通过地物粗分类方式获取遥感影像不同地物类别的像素统计信息，并以此调整参与色彩转换的地物像素数量，通过像素比例约束的方式实现自适应的色彩转换。

遥感影像粗分类是自适应色彩转换的前提，而地物特征识别分割的整体准确度是需要突破的关键。在自适应色彩转换过程中，如何得到较为准确的地物像素统计信息是色彩信息自适应匹配的关键。粗分类结果存在小碎片或噪点，会对获取影像像素统计信息的过程造成影响，因此本书提出基于残差估计的山地瞪羚阈值优化算法。首先设定一个面积临界值，并根据相邻块的 LAB 通道分配适当的权重对零散区域进行合并，然后利用灰度共生矩阵计算关键纹理特征信息，以量化分割区域的固有特征，提取对应类别的地物像素块，最后利用获取的统计信息，提出一种在色彩匹配过程中调整地物类别像素数比例的方法，保留原始影像和参考影像不同地物类别之间相同的像素比例关系，最终实现影像色彩分布信息在像素统计方面的自适应匹配。

本书对不同地域的遥感影像进行自适应色彩转换的综合性实验分析，结果表明，本书提出的遥感影像色彩转换方法具有良好且稳定的效果，可以为遥感影像数据加工处理提供理论、算法和软件支撑。

参与本书撰写工作的还有陈云亮、黄颖、叶瀚宇、马亚飞。本书出版得到国家自然科学基金项目（41971356，41701446）的支持，在此表示诚挚的谢意。同时，向本书涉及的参考文献和资料的作者表示衷心的感谢。

因作者水平有限，本书难免存在不足之处，敬请读者批评指正。

郭明强

2024 年 1 月 9 日于武汉

目录

第 1 章

绪 论

1.1　背景和意义

近年来，随着我国科学技术的不断发展，地理信息应用的范围越来越广，人们在生活中越来越需要实时和准确的地理信息[1]。现代社会中人们常通过遥感技术获取所需的地理信息数据，遥感技术自 20 世纪出现以来经历了高速的发展，逐渐形成了较为完备的观测体系，已经深入到国家经济和社会民生等各个方面。遥感卫星影像作为遥感技术不断发展的重要产物，能够很直观地显示出区域内地物分布和地形地貌等特点，是制作区域地图和建立基本地理信息数据库的重要数据来源。遥感影像不仅可以为相关工作人员提供实时数据支持，还可以在城市土地规划、水资源保护、地质勘测等领域发挥重大作用[2]。20 世纪以来，我国的传感器技术和航空航天技术逐步发展并得到十分广泛的应用，这些技术也成为人们获取遥感影像的重要手段，获取的影像数据主要包括远程卫星遥感影像和低空无人机遥感影像。远程卫星遥感影像涉及的区域面积较大，且能长时间持续进行监测。低空无人机遥感影像能为人们提供实时数据支持，快速生成所需区域的影像，且影像分辨率较高、获取影像的成本较低[3]。

获取卫星遥感影像时，由于受不均匀的光照、不同的大气条件和不同的传感器设备等因素的影响，遥感影像中会存在局部亮度和色彩分布不均匀的现象，消除影像中存在的色彩差异，保持影像整体色彩一致性具有非常重要的意义[4]。在由若干幅影像拼接而成的镶嵌影像中，影像内部色彩差异较大，看起来是由很多"色块"组成，这种影像称为多源拼接影像。例如，从谷歌卫星影像中获取的多源拼接影像如图 1.1 所示，这些影像内部存在较大的亮度或色彩差异，不能直接利用，需要进一步处理。传统的人工处理方法一般是先通过人工分块再对每个色块进行匀色，但是人工处理存在两个问题，首先人工操作耗费大量人力物力，其次，处理的多源拼接影像中色块接边处一般经过羽化处理，分界线较为模糊，这会降低人工分块时的准确率，使得后续匀色效果较差，色块接边处局部区域仍存在色差。在图 1.2 中，（a）为原始影像，（b）为人工分块并匀色后的结果影像，对（b）中沿着分界线进行羽化处理即得到（c），可以看出，由于（a）中色块接边处表现为模糊的边界，即使经过人工分块、匀色和羽化操作后，（b）和（c）中色块接边处仍存在局部色差区域，影像处理效果较差，（d）、（e）和（f）是局部放大效果。因此需要研究一种能够自动化提取所有色块进行色彩平衡并且能够消除分界线现象的色彩一致性处理方法，从而获得视觉性能更好的影像。

（a）影像1　　　　　　　（b）影像2　　　　　　　（c）影像3　　　　　　　（d）影像4

图 1.1　多源拼接影像

|（a）原始影像|（b）分块匀色结果|（c）羽化结果|

|（d）局部放大1|（e）局部放大2|（f）局部放大3|

图 1.2　多源拼接影像人工处理结果

总体来说，目前多源拼接影像中存在的问题主要分为两类。一类是由于受到不均匀的光照或不同的大气环境等条件的影响，影像中存在局部亮度分布不均匀的问题，如图 1.1（c）所示。针对遥感影像中存在的亮度差异问题，现有的研究方法往往是通过一些匀光算法使整幅影像的亮度整体分布均匀，但是当影像中存在大面积的局部区域亮度差异较大时，匀光算法处理效果不佳，而且匀光处理后影像的质量会有一定损失。另一类问题是多源拼接影像由不同传感器平台获得的影像拼接而成时，影像中各个区域间会存在较大的色彩差异，如图 1.1（a）、（b）和（d）所示。解决遥感影像间的色彩差异问题是通过选取合适的参考影像对原始影像进行匀色处理，该类方法处理后的影像具有与参考影像相近的色调，但是当待处理影像中存在多个局部区域的色彩差异较大或当影像中存在明显颜色分块时，使用一种数学模型处理影像并不能完全消除色块间的颜色差异和色块间的分界线。因此，现有的方法很难解决单幅多源拼接影像中存在大面积局部区域亮度或色彩差异较大的问题，需要进一步处理。

数字图像处理（digital image processing，DIP）是一个多学科领域，它起源于 20 世纪 60 年代数字计算机的普及，并结合了计算机科学、数学和工程学等多种学科用于处理与分析数字图像。最初，数字图像处理被用于卫星成像和医疗诊断，但随着研究的深入，各个领域对自动分析的需求推动了数字图像处理技术的不断进步，使其成为计算机视觉和基于图像的应用创新背后的驱动力。

遥感技术可以在没有直接物理接触的情况下收集有关地球表面的影像数据，而数字图像处理技术和遥感技术可以无缝集成，从远距离拍摄的卫星或航空影像中提取有价值的信息，以增强对地球表面特征的分析和解释，从而更深入地了解具体的地物信息。在遥感影像中使用数字影像处理技术可以改进影像的解读和分析过程，为农业、林业、环境监测和城市规划等各个领域提供有价值的建议。例如：在农业景观中土地覆盖类型的分类应用中，人们可以利用遥感技术获取高分辨率卫星影像，捕捉感兴趣的农业区域，然后应用数字图像处理技术对数据进行预处理校正，提高影像的整体质量，接着使用基于光谱、空间等信息的图像分割算法，将预处理的影像分割成不同类别的区域，通过附加的数字图像处理步骤来实现对结果的细化，有效地绘制更准确的农业土地覆盖类型分类图，帮助农民根据该数据做出明智的决策，优化资源分配，改善整体作物管理。再如，通过将遥感技术与色彩转换相结合，可以确保来自不同传感器或时间段的图像之间的视觉一致性，解决在农业遥感中利用遥感影像实现评估作物健康状况、监测土地利用变化和优化资源管理时，出现的由卫星传感器和大气条件等因素导致的色彩不一致的问题。

但是上述应用会遇到一些问题。一方面，由于各种卫星和机载传感器捕获的影像具有不同光谱灵敏度和响应曲线，导致遥感影像往往受到色彩信息或照明条件等因素差异影响，进而引起影像颜色差异、缺乏一致性等一系列问题。这些问题通常与遥感数据采集时不同的大气、地面条件及传感器校准的不稳定性有关，从大气条件分析，大气、雾霾等因素会导致影像的统计数据存在显著差异[5]，无法对影像中的地物进行特征识别和分类。另一方面，色彩转换是一种数字图像处理技术，它可以从一幅影像中借用另一幅影像的颜色特征[6]，但是在进行全局色彩转换的过程中，往往需要考虑原始影像和参考影像之间的整体颜色分布以进行后续的颜色特征信息匹配，一旦原始影像或参考影像包含不同类别的颜色区域或是影像之间对应类别像素数不平衡，就会出现原始影像和参考影像之间的颜色分布匹配和映射不理想的情况，进而导致色彩转换无法区分不同地物的统计信息，最终会混淆颜色区域[7]。例如参考影像包含大片绿地，但是原始影像主要为大片建筑时，就会在色彩转换的过程中出现整体颜色偏移、局部地物色彩失真、色调变化及影像模糊不自然等问题。

为了解决上述问题，本书进一步研究遥感地物粗分类和自适应色彩转换两个部分，并分别依据图像分割和色彩转换的两个基础理论进行研究。首先介绍遥感影像的图像分割部分，该部分是色彩转换不可或缺的前期工作。由于图像分割的结果将作为色彩转换的参考，地物分类的精度是本书需要关注的重点之一。目前，经过专家学者多年的深入研究和探索，图像分割研究主要可以归纳为基于像素信息的图像分割和基于深度学习的图像分割两个方面。基于像素信息的图像分割原理是利用像素的强度和空间属性等特征，将图像分割成不同的区域，其中像素信息包括颜色通道、强度值及空间坐标等，此类信息是分割技术的评判指标。

一种常用的图像分割方法是阈值法，该法有助于区分前景和背景[8]，此外，阈值法可以根据应用场景进一步分为单级阈值法、双级阈值法及多级阈值法等。一般来说，单级阈值法需要基于像素强度值将图像划分为两个区域，这种技术通常采用数学标准来建立最佳强度阈值，从而将对象与背景隔离开来。例如，在生成的二进制图像中，单级阈值法将高于阈值的像素与低于阈值的图像区分开来，从而有助于特征提取和对象识别。然而，单级阈值法只是根据强度将图像分为两个区域，由于其简单直接的特点，在处理复杂结构时会遇到困难，并且由于对噪声敏感，单级阈值法可能会在某些情况下导致过度简化和信息丢失的问题。相比之下，多级阈值法可以有效克服这些局限性，实现更细致的分割。与单级阈值法相比，多级阈值法可以很好地解决其存在的缺陷，能更精确地分辨不同的强度级别，从而对具有复杂纹理和结构的图像进行更细致的分割。同时，多级阈值由于有多种阈值，因此适用于处理对比度不同和光照条件不均匀的图像。此外，多级阈值法提高了对不同强度分布图像的适应性，提高了分离不同区域的准确性，尤其适用于对分割粒度要求较高的应用领域，通过对图像内容的分析，从而在复杂的图像数据中提取有意义的信息。但是，多级阈值法也带来了一些挑战，如计算复杂度更高、需要选择最佳阈值，以及分割区域越多，可解释性越差等问题。

另外一种常用方法是基于聚类的图像分割方法，它主要利用聚类算法对显示相似属性的像素区域进行分类，其目的是通过关注不同区域的共同特性（如色调、纹理、亮度等）来识别图像中的同质部分，因此该方法在处理同质区域时尤其有效。尽管它的实现相对简单且计算效率高，适合实时应用，但是基于聚类的图像分割容易受到噪声和异常值的影响，而且可能无法捕捉数据中的复杂关系。

基于深度学习的图像分割模型通过在标注数据集上进行训练，利用模型学习分层特征和空间依赖性的能力，从而实现对建筑物、植被和水体等各种特征的稳健识别，达到精确的像素级分割，但是该方法容易受到数据集大小和数据偏差的影响。

基于以上研究，本书提出一种针对遥感影像的基于多级阈值的地物粗分类方法，该方法可以依据最佳多级阈值实现地物分类效果。首先，将基于大津方法获取的初步阈值作为初始聚类中心，根据数据点与指定阈值的相似度将数据点分成不同聚类，再转化为分割阈值。然后，将上一步的分割阈值输入元启发式算法以找到能使目标函数最大化的最佳阈值，算法会基于图像特征，反向探索解决方案空间，调整阈值以提高分割精度，避免陷入局部最优的问题。最后，提出基于像素累积比系数的阈值调整方案，以更好地优化阈值。

其次介绍遥感影像的色彩转换部分，该部分主要是依据粗分类结果得到地物类别之间的像素比例对应关系，依此调整参与色彩匹配与映射的像素数，确保不同影像之间的色彩关系一致，同时又符合色彩空间分布。目前，色彩转换的研究主要分为基于统计信息的色彩转换、基于用户交互的色彩转换，以及基于深度学习模型的色彩转换三个方面。基于统计信息的色彩转换可以进一步分为基于全局和基于局部两个方面。

基于全局的色彩转换是根据参考影像的色彩分布进行一幅或多幅影像的整体颜色调整，这种技术在影像的色彩分布、饱和度或照明条件变化的情况下效果显著。虽然基于全局的色彩转换可以有效地消除整体颜色差异，但它可能无法捕捉局部变化或特定的颜色关系。在对局部颜色特征匹配过程进行细致调整时，基于局部的色彩转换技术有更好的表现效果，具体为在颜色分布匹配时不从整体出发，而是针对影像的局部区域进行考虑，可以更好地保持细节和颜色准确性。但是，基于局部的色彩转换也会在处理区域的边界处导致不自然的过渡，其次计算复杂度很高，阻碍了实时应用和大规模影像处理。基于像素的色彩转换方法主观控制和艺术精度的衡量标准方面很差，缺乏对用户意图的细微理解，而基于用户交互的色彩转换可以使用户能够选择性地修改特定区域的颜色并专注于感兴趣的关键区域来改进色彩转换，以增强视觉效果。但是，用户输入的主观性会极大影响结果的一致性效果，并且手动选择色彩转换区域可能会耗费大量时间，对大型数据集来说也不切实际。

针对传统方法难以根据人类语义信息准确进行图像分割和色彩转换，以及难以通过显式规则或数学公式来表达影像之间模式和关系的问题，学者逐渐基于深度学习模型如卷积神经网络（convolutional neural networks，CNN）进行色彩转换的研究，这些模型能够管理复杂的场景、不同的内容和细微的颜色分布，可以捕捉现实世界场景中复杂的色彩关系和变化以提供更精确的色彩转换，模型的自动化也确保了大规模影像数据集的效率和可扩展性。另外，基于深度学习模型的色彩转换通常对大型、多样化训练数据集具有依赖性，并且获取此类数据集可能成本较高，还需要强大的硬件才能高效处理，此外过度拟合训练数据中的特定风格可能会导致遥感影像的色彩风格转换效果出现误差。

总之，色彩转换的首要挑战在于如何在不同的影像中实现连贯的、一致性的风格变换，特别是在类别多样化且复杂的地物内容中，需要进行细致入微的工作。色彩感知本身具有主观性，在色彩转换过程中必须保持感知的色彩一致性，这就让问题的解决变得更加复杂，而光照条件、影像分辨率等信息差异进一步增加了设计普遍有效的色彩转换方法的复杂性，因此，需要开发一种稳健且适应性强的技术，以满足不同的应用需求。基于以上背景，本书首先提出一种针对遥感影像地物的粗分类方法，将不同类别的地物分成不同的像素区域，然后基于图像粗分类的分割结果，通过获取每一类地物特征的像素统计信息，以地物类别之间的像素比例关系为参考标准，自适应调整色彩转换的对应地物颜色特征匹配与映射的过程。

1.2　遥感影像匀光算法

遥感影像中亮度分布不均匀的问题也称为遥感影像的匀光问题，根据匀光算法的数学模型可以将其分为基于加性模型的方法、基于乘性模型的方法、基于统计的方法和基于指数模型的方法[9]。

基于加性模型的方法认为，存在局部亮度反差的影像可视作光照分布均匀的影像和反映亮度分布不均匀的背景影像相加得到。基于加性模型的方法主要包括 Mask 匀光算法和插值匀光法等。Mask 匀光算法由王密等[10]最先提出，主要原理在于对原始影像作傅里叶变换后，通过合适的滤波器（如高斯低通滤波器）对影像进行滤波处理，得到反映光照分布不均匀的背景影像，用原始影像减去背景影像，并对结果中各个像素进行重赋值处理后，获得最终的结果影像。Mask 匀光算法处理效果较好，但是具体实验中滤波器的选择和相应尺寸的大小等问题仍需要进一步讨论，而且结果影像中可能会出现局部偏色和反差不均匀的现象。姚芳等[11]针对滤波器的选择和相应尺寸问题，把遥感影像分为互不重叠的若干个区域，接着利用不同频率的低通滤波器处理各个区域，这种方法改善了原始影像亮度反差不均匀的现象，但是影像分块的大小和高斯低通滤波器的截止频率等仍有待考虑。同样针对滤波器类型的选择，史宁[12]通过纹理特征将影像分割成若干区域，在各个区域中寻找适合该区域的滤波器和适宜的尺寸，使得影像应用不止一个背景影像，提高了结果影像的质量，但是该技术进行分块处理，其效率较低，耗费时间较长。王晶等[13]首先将影像转换到HSV（hue，saturation，value）色彩空间，并利用Mask匀光算法对V分量进行处理，最后用得到的结果将原始的V分量进行替换，该方法取得了不错的结果。韩宇韬[14]针对匀光中后出现的光晕问题，首先在影像边缘处复制一定宽度范围的像素，然后对其进行高斯低通滤波处理，改善了结果影像四周出现光晕和偏色的现象。插值匀光方法获取背景影像的原理在于将亮度分布不均匀的遥感影像分成若干个互不重叠的影像块，在这些影像块中，手动或自动选取若干个像素，并利用插值计算的方法获得背景影像[15]。该方法计算效率较高，但是选择的影像块大小对处理结果影响较大，例如当影像块较小时，插值匀光方法具有较强的适应性，但是若影像块中地物存在噪声，就可能导致结果影像中出现失真现象。当影像块较大时，每个影像块的内部虽然可以实现光照分布均匀，但影像块之间的光照一致性很难实现，可能出现块效应。因此，影像块尺寸大小需要根据影像的真实情况决定[16]。Hsia等[17]对原始影像进行自适应分块，根据影像的特点自动选择分块数目，并通过线性插值获得背景影像，取得了较好的效果。总体来说，在基于加性模型的方法中首先要考虑低频滤波器的选取，其次是不同类型的影像需要低频滤波器的最佳尺寸也是不同的，因此实现一种适应性较强且获得的背景影像准确度较高的匀光算法难度较大。

基于乘性模型的方法认为，亮度分布不均匀的原始影像可由照度分量和反射分量的乘积表示，其中照度分量对应原始影像中低频信息部分，反射分量反映的是高频信息部分。基于乘性模型的方法主要包括同态滤波算法、Retinex算法等。同态滤波算法[18]首先利用傅里叶变换将影像由空间域转化为频率域，选择合适尺寸的同态滤波器将照度分量和反射分量提取出来，通过减弱低频信息、增强影像高频信息部分的方法提高影像的对比度。同态滤波算法一般处理灰度影像，在使其亮度均匀的同时增强了影像细节部分的对比度。Nnolim等[19]提出将影像由RGB颜色空间转为HIS（hue，intensity，saturation）颜色空间，且只处理一个信道进一步降低了计算复杂性，提高了结果影像的质量。Seow等[20]提出将同态滤波算法与规则神经网络学习相结合，通过将原始影像中每个像素的颜色关系表示在状态空间中来恢复影像中的颜色。费鹏[21]为了解决同态滤波后彩色影像出现的失真问题，在影像处理过程中引入了小波包变换，对小波包进行分解和重构，并且将原始影像的边缘和同态滤波结果进行融合，有效改善了结果影像中的失真现象。Orsini等[22]提出的Retinex算法以人类视觉感知系统感知地物亮度和颜色的理论模型为依据，对整幅影像的灰度范围进行动态压缩，但是Retinex算法主要保留反射分量，会减小影像中灰度级的分布范围，使得影像丢失部分信息，而且影像的清晰度和对比度也会受到影响。Fu等[23]针对亮度较低的影像，采用快速交替方向优化的新模型进行处理，能很好地保留影像中的边缘信息，使影像中地物边缘过渡更加自然。付仲良等[24]将快速傅里叶变换理论和Retinex算法相结合，有效解决了单张扫描地形图内部亮度不均匀和折痕的问题。汪荣贵等[25]提出利用Zemike矩阵模型在HSV颜色空间中计算S分量和V分量的矩，并调整相邻像素之间的灰度差异，最后用其照度分量代替原始影像，从而实现了雾天影像的增强。何惜琴等[26]在 Ycbcr 颜色空间中利用递归滤波器处理其 Y 亮度分量得到反射分量，并将反射分量与色度分量 cb、cr 重新结合，最后将结果影像由 Ycbcr 色彩模型变换为 RGB 色彩模型，有效消除了影像中的光晕现象。

基于统计的方法主要是直方图均衡化算法，包括全局均衡化算法和局部均衡化算法。全局均衡化算法直接对影像整体进行变换，不处理影像中的细节部分。局部均衡化算法首先利用灰度级的统计特征对影像进行分类，并对分类后的每个子影像块做相应的直方图处理。全局直方图均衡化相对简单和快速，但是若影像中存在部分区域偏亮或偏暗时，经过全局直方图均衡化处理，可能会出现光晕和部分区域过亮等情况，并且全局均衡化后影像的灰度级减少，会丢失某些细节信息[27]。针对全局均衡化算法的问题，Wang 等[28]提出了二元等积直方图均衡化（dualistic sub-image histogram equalization，DSIHE）算法，主要原理在于利用影像的灰度中值作为分割阈值，将影像分为两个相等面积的区域并对每个区域进行直方图均衡化，该算法能够很好地保持原始影像的亮度，但适用性较低。Chen 等[29]针对原始影像的均值进行不止一次的分割，首先根据影像的均值将影像分成两个部分，接着使用每个区域的均值继续迭代分割，但是随着分割次数的增加，结果影像的质量变差，损失部分灰度信息[30]。在使用均值进行迭代分割的基础上，Sim 等[31]提出利用灰度中值对影像进行迭代分割，但是存在同样的问题，即当分割的次数越来越多时，影像质量会越来越差，影像增强的效果会减弱。总体来说，虽然局部均衡化算法能处理局部偏亮或偏暗的现象，相对于全局均衡化算法来说可以取得较好的效果，但是对每个小区域进行均衡化处理，会使影像灰度级范围减小，一定程度上破坏了影像的质量，部分影像仍会出现局部光晕的现象。

基于指数模型的方法主要是 Gamma 校正算法，算法主要原理在于首先对影像各个像素进行全局的幂次变换，经过归一化、预补偿和反归一化等步骤后，像素灰度范围被拉伸，从而提升影像的亮度和对比度，该算法主要的讨论集中在参数的具体调整[32]。Huang 等[33]基于加权的 Gamma 校正计算每个像素的值并利用补偿的累积分布函数改变 Gamma 参数，该算法能提升影像的亮度，但当原始影像中不存在较亮的部分时，该技术处理效果不佳。

总之，对于这些针对单幅遥感影像内部光照和对比度不均匀的算法来说，虽然能够有效解决一些影像中出现的亮度不均匀的问题，但是至今为止该方面的研究仍存在很多问题，首先是基于加性模型方法中提到的较为准确的背景影像如何获取[34]，其次是当影像存在局部亮度分布不均匀，特别是对于局部亮度反差较大的单幅多源拼接影像来说，上述匀光算法并没有考虑影像中不同色块间地物色彩的对应关系，而且针对影像整体进行匀光处理后相邻色块的接边处仍会存在亮度差异，色块间的分界线现象没有得到有效处理，因此针对多源拼接影像中局部亮度分布不均匀的问题，使用上述匀光算法，并不能获得较为理想的处理结果。

匀光算法主要是解决遥感影像光照分布不均匀的问题，对于包含多个色块的影像，必须利用匀色算法将各个色块的色彩进行处理，才能最终获得整体上色彩一致的遥感影像。

1.3 遥感影像匀色算法

获取遥感影像时，由于传感器平台等条件的不同，大范围区域内相邻的影像间会出现一定程度的色彩差异，消除影像间色彩差异的过程也称为遥感影像的匀色处理。影像的匀色方法可以根据有无参考影像分为两类方法，有参考影像的方法主要包括Wallis 匀色算法、直方图匹配和颜色转移算法等，没有参考影像的方法则是利用镶嵌影像中相邻影像间重叠区域的信息映射解决影像间色彩不一致的问题。

有参考影像的色彩一致性处理方法中，Wallis 匀色算法使用得较多，通过 Wallis 滤波器的处理，影像内部各个区域具有与参考影像相似的灰度均值和标准差，从而达到影像间色彩一致的目的[35]。李治江[36]利用全局 Wallis 变换对影像进行色彩一致性处理，但是当影像出现局部色彩不一致现象时，该算法在局部区域的色调重建效果不佳。朱巧云等[37]利用基于 Wallis 滤波器的全局匀色方法解决了异源遥感影像中亮度和色彩上存在的差异。针对局部区域的色差问题，王密等[38]将全局 Wallis 匀色和直方图匹配算法进行结合，改善了局部区域的处理效果，但是当影像中存在高亮水域或阴影等情况时处理效果会变差。Sun 等[39]针对遥感影像中亮度和色彩分布不均匀的问题，首先使用同态滤波方法消除影像中的噪点，然后选择 Wallis 滤波器对影像中存在的色差进行处理，最后使用低频卷积算法消除了接缝线。田金炎等[40]根据相邻影像拼接时出现的色彩差异问题，把拼接线分为亮度拼接线和纹理拼接线，对于亮度拼接线使用 Wallis 滤波器确定相关系数并进行处理，针对纹理拼接线则是以空间相关性为依据分配权重进行匀色，从而解决接缝线问题。王烨等[41]为了解决 Wallis 匀色后出现的块效应问题，首先基于最佳指数因子（optimum index factor，OIF）特征波段选择需要匀色处理的三个波段，并对其进行第一次滤波后再利用矩阵匹配的平衡算法进行第二次 Wallis 滤波，该技术有效调节了影像不同区域的灰度分布，从而改善了匀色后出现的块现象。同样是针对块现象，Liu 等[42]首先对影像进行 Mask 匀光处理，一定程度上减弱了影像中各部分区域的差异，接着利用线性变换自适应调整每个像素处邻域的平均值和标准偏差，最后经过一系列重赋值操作后获得目视效果较好的影像。Luo[43]针对分块 Wallis 匀色结果中出现的块现象，首先对影像进行分块，相邻影像块中存在一定区域的重叠，针对重叠部分选择合适的参考影像对其进行单独处理，该方法取得了不错的效果。李烁等[44]针对影像中存在的局部亮度和对比度不一致问题，首先利用变异系数确定分块数目，其次为了改善分块 Wallis 匀色后出现的块现象，对各个图像块中的像素进行加权Wallis 滤波，最后在构建出的泰森多边形中利用最短路径算法确定影像匀色的顺序，有效消除了影像中存在的局部颜色和对比度的差异。

根据直方图的理论知识，Weinreb 等[45]提出改变原始影像直方图的形状使其色调与基准影像一致，该算法对色彩分布均匀的原始影像有较好的匀色效果，但其对噪声、建筑物等高亮区域比较敏感，处理效果仍有待改进，而且当原始影像和参考影像的直方图形状差异较大时，直方图匹配后会改变原始影像灰度级间的相对距离，从而使影像产生偏色和失真等现象。Jin 等[46]针对具有明显分块现象的影像，首先对影像进行分块和掩膜，并利用颜色直方图匹配的方法对每一块进行色彩一致性处理，最后对各块边缘处的像素进行归类，一定程度上解决了影像中的色彩分布不均匀的问题，但是分块准确性和色块边缘处处理仍需要讨论。考虑噪声在直方图匹配时产生的影响，张龙涛等[47]基于最大模糊熵理论提出一种新的匹配算法，把原始影像的灰度分布进行重分类生成若干个层级，再对各个层级进行匹配后得到结果影像。针对颜色直方图匹配算法处理色差较大的地物效果不理想的情况，Han 等[48]给出了一种全新的匹配模型，根据选择的模板定义新的累积概率密度函数，并使得灰度级均匀分布，有效地解决了对色彩差异较大的影像进行匹配时效果较差的问题。Nikolova 等[49]在进行直方图匹配处理时首先保持影像 R、G、B 三个通道灰度范围不变，然后单独提取出影像的亮度分量，将其与参考影像的亮度分量进行匹配，最后根据一种新的颜色分配方法对原始影像进行色彩转换，使得原始影像和参考影像的色调相一致。

有参考影像的第三种方法是利用统计信息进行匹配的颜色转移算法，主要原理是根据收集的颜色信息对原始影像进行色调重建，从而使结果影像具有与原始影像相同的色调。颜色转移理论首先由 Reinhard 等[50]提出，先从 RGB 颜色空间转到 Lαβ空间，并在 Lαβ空间下将均值与标准差这两类统计数据与参考影像进行匹配，它是一种全局算法，对影像中所有的像素使用相同的匹配过程，因此当影像中部分区域和周围差异较大时，处理效果较差。其次，它只利用有限的统计信息如均值和标准偏差来改变原始影像的色彩分布，没有考虑其他的具体指标。针对最开始的颜色转移是在非相关颜色空间中应用统计数据，Xiao[51]实现了在相关颜色空间中进行颜色转移，特别是在常用的 RGB 颜色空间中，该方法的实质是通过平移、旋转和缩放来移动原始影像的数据点，以适应 RGB 颜色空间中参考影像的数据点簇，匹配了两幅影像之间像素值的 RGB 三维空间分布。除了 Lαβ颜色空间和 RGB 颜色空间，Wu 等[52]在 YUV 颜色空间中实现了一种自动感知颜色转换的方法，将影像的显著性图和 Sobel 滤波器卷积计算出的梯度图进行加权组合和阈值化处理，并在 YUV 颜色空间中计算阈值化后的每个区域的均值和标准差，最后再利用 Reinhard 等[50]的方法对每个区域进行颜色转移。

上述仅涉及参考影像和原始影像的技术很难应用到由多幅颜色不一致的影像组成的拼接影像中，一方面很难找到一个理想的颜色校正模型能够解决拼接影像中存在的问题，另一方面影像在处理过程中其纹理特点和影像质量都会受到一定干扰，尤其是在多幅地物差异较大的影像间重复传递颜色信息可能会使误差累积。

利用相邻影像间重叠区域的统计信息进行色彩映射的方法复杂度较高，往往使用不太灵活的数学模型。Brown 等[53]对影像间的色彩差异进行全局优化，并根据局部区域的特征查找所有影像之间的对应关系，该算法也被应用于 Autostitch 软件中。Qian 等[54]利用影像间重叠区域的信息提出一种包含固有颜色结构的流形方法，消除影像中出现的颜色不一致性现象，但是其计算成本较高。进行色彩一致性处理时，考虑结果影像的质量问题，Xia 等[55]将色调、对比度和保真度这三种指标结合起来，统计各影像间重叠区域的对应关系，并将颜色重映射曲线参数的求解表述为一个凸二次规划问题，有效地提供了全局最优解，实现了影像间的色彩平衡，但该算法的复杂度较高。针对全局优化使用线性模型灵活度不高的问题，Xia 等[56]结合影像梯度和颜色特征实现了更好的变化检测算法，并将每个影像的梯度损失合并到成本函数中，通过凸二次规划得到目标函数的全局最优解，获得的结果影像色彩分布均匀，降低了计算成本，提升了处理效率。Yu等[57]结合全局和局部的色彩一致性处理方法，将多幅影像间的色差问题转换成最小二乘优化问题，首先针对镶嵌影像整体中存在的色差现象进行全局处理，然后利用伽马变换解决局部重叠区域中的色差问题。针对涉及区域面积较大的镶嵌影像，ArcGIS 软件中的色彩平衡模块[58]使用最小二乘法结合伽马函数自动计算目标颜色表面模型，并利用影像间重叠区域的信息确定颜色校正模型的参数，从而获得质量较好的无缝影像。上述利用重叠区域信息进行处理的算法复杂度较高，适合多幅影像进行拼接时的匀色处理，但是对于单幅多源拼接影像，其重叠区域信息很难获取。

综上所述，对处理影像间色彩差异的算法研究依然存在很多难题，Wallis 匀色算法、直方图匹配和颜色转移算法本质上都是基于统计的方法统计参考影像的颜色信息，利用线性或非线性数学模型对原始影像进行灰度调整。其中涉及的全局处理方法都是针对影像整体处理，但是各幅影像中地物十分复杂，影像间存在的色彩差异程度也各不相同，只考虑整体并不能消除所有影像间存在的色彩差异。当对影像分块进行匀色时，最主要的问题是处理后会出现块现象，目前出现的基于像素和加权的匀色方法能消除块现象，但是会降低影像质量，需要进行进一步的影像拉伸等后处理。其次是当原始影像中存在特殊区域（如水域、高亮建筑物和阴影等）时，影像的处理效果不佳，影像的特殊区域处理问题仍然需要进一步讨论。总体来说，上述研究方法处理单幅影像中色彩分布不均匀现象时并没有充分考虑到不同传感器获得影像时的成像差异，相邻影像间地物应具有相近的色彩特征，但一定区域范围内不同传感器获取的影像拼接后会存在很大的色彩差异，因此单独使用上述算法处理单幅多源拼接影像时处理效果并不稳定，适用性较低，而且在消除色块间分界线方面也不能获得较为理想的处理效果。

1.4　图像分割方法

近年来，对图像分割的相关研究国内外学者已取得了很多突破性的进展与成就，大致来说，目前关于图像分割的研究，可以分为基于像素信息的图像分割和基于深度学习的图像分割两个方面进行讨论。

1.4.1　基于像素信息的图像分割方法

基于像素信息的图像分割通过分析像素的强度、颜色或纹理特征等信息来区分图像中的不同物体或区域，基于像素信息的图像分割可以进一步分为基于阈值和基于聚类的方法。

1. 基于阈值的图像分割

基于阈值的图像分割是数字图像处理领域的一种重要方法，可将感兴趣的区域分离出来。通常情况下，可以将基于阈值的图像分割细分为基于单级阈值和基于多级阈值两种类别。

Otsu[59]提出一种在不提供图像中研究对象和背景信息的情况下，通过非参数无监督体的条件统计图像的直方图信息，评估像素强度的离散度，以定位最大化类间方差的阈值，用这种标准得到灰度阈值来区分图像的方法。基于 Otsu[59]提出的启发性思想，近十年来很多学者都有改进和创新。Abdullah 等[60]在此基础上，使用单级图像阈值创建便携式水稻病害诊断工具的方法。他们提出了一种既便携又能实时操作的设备，利用单级阈值方法分割感兴趣的区域并识别水稻的异常，通过包括相机校准、图像捕获、图像分割、系统提取和水稻异常识别等步骤，大大提高了单级阈值在水稻病害诊断方面的准确性。Yang 等[61]根据像素灰度值与累计像素数变化之间的联系，提出了一种调整阈值偏差的改进策略，即通过考虑像素灰度值与累计像素数之间的相关性来修正阈值偏差。同时，在标准测试图像上进行了多次实验，以验证该技术的有效性。实验结果从定量和定性两个方面表明，在分割图像方面超越了其他研究人员提出的大津方法及其改进版本，并实现了具有竞争力的误分类误差和骰子相似性系数值。Mostafa 等[62]将多普勒滤波器组（Doppler filter bank，DFB）与单级图像阈值分割原理相结合，在雷达目标检测中使用单级阈值法，根据单级阈值将图像像素分为两类，计算每个类别灰度级的概率分布，并确定其平均值。根据这些平均值得出类间的方差，从而通过类间方差最大化来在真实雷达数据集中将移动目标从噪声背景中区分出来，极大地提高了雷达探测的性能，缩短了探测时间。

相较于单级阈值，多级阈值可以有更好的适应性，对复杂的环境可以有更好的表现性。通过将多级阈值与元启发式优化算法相结合，可提高阈值确定的效率，在解空间中搜索最佳组合来优化阈值。为了获得最佳的多级阈值，许多元启发式算法已被应用于解决与多级阈值相关的问题。Zhang 等[63]基于遗传算法（genetic algorithm，GA）构建了一种改进的量子遗传算法（improved quantum genetic algorithm，IQGA），该算法采用自适应旋转角度调整和合作学习等策略，自适应旋转角度调整策略有助于提高算法的收敛速度、可搜索性和稳定性，而合作学习策略则增强了在高维解空间中的可搜索性。实验结果表明，在解决多级阈值分割问题时，IQGA 优于传统遗传算法、量子遗传算法和粒子群优化（particle swarm optimization，PSO）算法。Wang 等[64]提出了一种利用改进粒子群优化（improved particle swarm optimization，IPSO）技术优化阈值选择过程的多阈值分割算法，利用增强型算法将复杂的高维组划分为多个一维组，并利用小波可变性避免粒子陷入局部最优。该算法与目前的粒子群优化最大类间方差算法相匹配，缓解粒子群优化算法中的维度灾难和过早收敛问题，收敛速度明显更快，阈值结果更优。Bhandari 等[65]基于已改进的人工蜂群算法，通过使用各种目标函数搜索理想的多级阈值进行卫星图像分割，该算法基于蜜蜂对先前迭代中最佳解决方案的探索，增强生成初始种群时的全局收敛性。Mamindla 等[66]提出了一种基于人工蜂群的三维大津方法，以增强乳房 X 光照片中乳房肿块的分割过程。他们通过对侦察蜂采用 ε 贪婪法，将改进后的人工蜂群法与最优三维大津多级阈值技术相结合，以获得医学乳房 X 光图像的最佳阈值集。近年来，越来越多的性能优越的元启发式算法被研究开发，并且在遥感影像分割方面的应用有较好的拓展性。例如，Abdollahzadeh 等[67]通过分析野生山地瞪羚开发了山地瞪羚优化器（mountain gazelle optimizer，MGO）这种新型元启发式算法，该算法具有一定的优越性，随着优化问题维度的增加，其搜索能力也能保持不变。综上所述，随着元启发式算法的逐渐深入研究，将问题转化为计算最佳阈值有很大的应用前景，并且仍有许多待挖掘的新兴算法可以投入相关领域的应用。

2. 基于聚类的图像分割

基于聚类的图像分割主要利用聚类算法对显示相似属性的像素区域进行分类。一般来说，基于聚类的图像分割涉及的算法有 k-means、模糊 C 均值（fuzzy-C-means，FCM）及超像素分割等。

Debelee 等[68]在基于传统的 k-means 算法的基础上进行了初始参数的改进优化，为解决敏感性等问题，通过增强该算法的自适应性得到了计算效率和处理质量更加优秀的结果，并且误差率也有一定的保证。Simaiya 等[69]通过将分层 k-means 算法与超级规则树等进行融合构建了一种混合模型，该模型基于斑块的图像处理方法和对象计数，以提高分割的准确性和精确度，在核磁共振成像图像来检测和识别早期阶段的脑肿瘤方面有广阔的应用。Srinivas 等[70]为了解决 k-means 算法会出现异常值和边界泄漏等问题，在预处理和后处理阶段结合使用了布谷鸟搜索算法和水平集方法。前者用于预处理，以获得最佳聚类中心，从而提高 k-means 聚类的效率。后者则是用于后处理阶段以解决边界泄漏问题，从而提高分割精度。

Wang 等[71]为解决对噪声的鲁棒性较差的问题，将残差相关的正则项整合到 FCM 算法中，从而实现准确的残差估计，并将无噪声图像纳入聚类，提出了一个用于图像分割的残差驱动 FCM 算法框架。他们通过引入加权规范正则项来处理混合噪声或未知噪声，并考虑空间信息来提高残差估计的准确性，同时还设计了一种迭代算法来最小化拟议算法的目标函数，提高了图像分割任务中的有效性和效率。Liu 等[72]将直觉模糊 C 均值（intuitionistic fuzzy-C-means，IFCM）算法与遗传算法（genetic algorithm，GA）相结合，使用遗传算法确定初始聚类中心，随后运用改进的模糊 C 均值算法对图像进行分割，以确认最优的聚类中心。这些算法的组合可以辅助在乳房 X 射线照相术中准确检测并进行乳房肿块的分割。Ding 等[73]提出了一种基于衍生多群体遗传算法（derived multi-population genetic algorithm，DMGA）的自适应 FCM 聚类算法（DMGA-FCM），该算法旨在解决 FCM 算法对初始聚类中心的敏感性及其缺乏自适应能力的问题。DMGA-FCM 算法包含一个导数算子和一个自适应概率模糊控制算子，以提高算法的可搜索性和适应性。利用 DMGA 对 FCM 算法的初始聚类中心进行优化，以取得更好的聚类和分割效果。

Lei 等[74]在改进简单线性迭代聚类（simple linear iterative cluster，SLIC）算法的基础上，将零参数的简单线性迭代聚类（simple linear iterative clustering zero-parameter，SLICO）算法和支持向量机（support vector machine，SVM）分类器与用于区域合并的融合特征（亮度和颜色等信息）相结合，提出了一种基于 SLICO 超像素分割和 SVM 分类相结合的新型算法，用于解决单幅图像阴影检测的问题。该方法首先使用 SLICO

超像素分割阴影图像并检测阴影轮廓。随后，使用基于融合特征的 SVM 分类器对超像素块进行分类和合并，以检测阴影区域。面对超像素分割方法无法适用于大型图像实施顺序的问题，通常来说，SLIC 算法处理图像分割会存在过度分割或分割不足的情况，针对这一现象，Sabaneh 等[75]研究出一种基于色差的区域合并来改进 SLIC 超像素算法的方法，其中色差被用作合并区域的标准以提高分割精度，在伯克利数据集的评估中，该算法的分割结果具有可比性。

事实上，基于聚类的图像分割和基于阈值的分割可以协同结合。虽然 k-means 等主流聚类算法可以根据颜色或强度等特征的相似性对像素进行分类，但是，聚类可能并不总是与所需的对象边界一致，通过结合聚类，这些方法可以根据数据的固有特征动态地调整阈值，从而提高适应性和鲁棒性。

1.4.2　基于深度学习的图像分割方法

在将深度学习应用于图像分割之前，人们通常采用语义文本和随机森林方法来构建语义分割分类器。过去几年，深度学习算法被广泛应用于分割任务，从而显著改善了分割效果和性能。Long 等[76]引入了全卷积网络（fully convolutional network，FCN），该网络采用卷积替代了全连接层。与传统卷积神经网络相比，FCN 的独特之处在于将全连接层替换为全卷积层，从而使其能够有效处理各种大小的输入图像。Yang 等[77]为了解决矿石图像分割中存在的对比度低、边界模糊和可用数据有限等问题，基于 U-Net 模型提出了一种增强型编码器–解码器网络模型，该模型还引入了轮廓感知损失，以提高模型对误判像素、外观相似的像素及位于边界附近的像素的灵敏度，它极大地改进了网络结构、轮廓感知损失函数，并使用预先训练好的 VGG16 作为编码器。注意力机制允许网络在处理图像时更加关注感兴趣的区域或特征，提高网络对重要信息的关注度。Wang 等[78]为了克服 CNN 模型用于声呐图像的边缘轮廓特征提取时不能直接产生图像的特征图这一障碍，提出了一种新的无人机侧扫声呐特征提取技术，构建了一个具有改进的跳跃结构的 FCN 模型，通过跳跃连接实现了不同尺度之间的信息融合，还创建了一个加权概率对称损失（weighted probabilistic symmetric loss，WPSL）函数，以解决数据集中的样本分布不平衡问题，这个方法在消除散斑噪声方面优于传统算法，并增强了合并详细信息和使碎片边缘连续的能力。为了在复杂的背景影像中有效地检测和分割绝缘子串，Han 等[79]提出了一种在 U-Net 模型的编码阶段引入了 ECA-Net 注意力机制的方法，以提高模型提取语义特征的能力，增强了网络对主要特征的敏感性并提高绝缘体检测的准确率。递归神经网络（recurrent neural network，RNN)和注意力机制在深度学习中常常一起使用，尤其是在处理序列数据或变长输入时。Sahu 等[80]启发性地创新出一种混合深度学习架构创建植物叶片多病分类模型，该模型包括自适应阈值和基于自适应模糊 C 均值算法的叶片异常分割，最后利用 ResNet150 深度学习架构进行分类。ResNet150 模型的最后一层被长短期记忆（long short-term memory，LSTM）和深度神经网络（deep neural network，DNN）取代，以创建一种集成技术，可以针对作物产量和质量植物实现疾病鉴定的高准确性。但是基于深度学习的方法在遥感影像的应用中，很容易受到数据集大小的限制，并且由于数据偏差的存在，泛化能力也有一定的影响。

1.5 色彩转换方法

色彩转换主要指在原始影像结构基本不变的情况下，将参考影像的颜色特性传递给原始影像，使得一幅影像的颜色风格应用到另一幅影像中，从而达到影像更符合用户需求或更具有艺术效果的目的，在遥感影像的应用中，有助于对遥感影像更准确地进行特征提取与分析，从而更好地整合和解读遥感信息。目前关于色彩转换的研究，主要从基于统计信息的色彩转换、基于用户交互的色彩转换、基于深度学习的色彩转换三个方面来讨论。

1.5.1 基于统计信息的色彩转换方法

基于统计信息进行遥感影像的色彩转换方法核心思想是将统计属性（如平均值和标准偏差）从参考影像转移到原始影像，同时保留各自的空间细节及色彩表现的协调性，使来自不同传感器或不同时间段的影像在视觉上保持一致。这里可以分为基于全局的色彩转换和基于局部的色彩转换两种类别。

在基于全局的色彩转换方面，比较早期的基于全局的开创性色彩转换工作是由 Reinhard 等[50, 81]提出的，他们将影像转换到符合人眼视觉系统的 LAB 色彩空间中，最大限度地最小化影像各个通道之间的相关性，并计算影像的各个通道的平均值和方差，来实现影像间颜色分布的匹配。针对 Reinhard 等[50, 81]提出的基于线性变换的数学统计方法，Pitie 等[82]提出了一种满足非线性映射的实际空间场景的方法，并且只需较低的计算成本，他们将高维颜色分布匹配问题转换到一维空间，通过迭代一维的直方图匹配任意分布的情况，避免映射过度拉伸，直到两个影像的分布对齐，在保证颜色匹配的精准度的同时，还可以弱化噪声，减少边缘的相对变化。Xiao 等[6]针对 Reinhard 等[50, 81]提出的色彩空间转换的过程，提出了一种无须进行色彩空间转换的方法，该方法在 3D 色彩空间中完成色彩转换，在平移与缩放的基础操作上，通过像素的旋转操作来解除色彩空间通道之间相关性的约束，但是当原始影像和参考影像之间相似性低、构图不一致时，色彩转换会失败。所以该方法还准备了一些基于样例的交互参数，给使用者一个备选的色彩转换措施。基于 Pitie 等[82]的非线性模型，并受到 Xiao 等[6]基于保持梯度的色彩转换方法启发，Su 等[83]将两者相结合，提出了一种改进的映射模型，它的优势表现为通过梯度信息来抑制颗粒效应，利用边缘分解得到的细节对信息实现结果影像的细节增强，得到视觉评价优秀的结果。Gong 等[84]根据对颜色单应性理论的研究，提出一种新颖的全局色彩转换方法，他们认为色彩转换的过程近似为颜色单应性转移，并将后者转化成色度映射估计与阴影调整估计两个工作内容，这样得到的重构的结果影像质量评估更好，差异性小，并能够修复之前色彩转移的明暗变化的缺陷。Gong 等[85]基于之前对照片色彩转换的研究成果，将研究方向发展到 3D 空间，提出了一个通过 3D 透视变换和平均强度映射的组合来近似色彩转换算法的模型，该模型简单又精确，扩展了 2D 模型的同时允许在颜色映射中有更大程度的非线性，并轻松产生卓越的结果。Li 等[86]基于现有的方法使用稀疏的匹配点作为颜色对应，但结果不够准确，并且对于大图像的效率较低等问题，提出使用图像分割算法对图像进行分组，并执行组内和组间校正，以通过消除组之间的色差来实现整体颜色一致性。

在基于局部的色彩转换方面，由于 Reinhard 等[50, 81]基于全局的色彩转换方法没有针对影像局部区域进行空间考虑，影像之间会出现色彩区域转换混淆、结果过饱和或不自然等问题，一批学者从局部空间考虑的角度出发，进行了基于局部的色彩转换研究。Tai 等[7]从局部信息的角度出发，通过改进的最大期望方法，将影像区域的颜色统计用高斯混合模型进行区域之间分量的拟合，通过映射关系对影像进行概率分割以得到最优的空间规划，并进行局部的色彩转换及后续的滤波平滑处理。同样针对 Reinhard 等[50]工作中不同区域存在的保真度问题，Xiao 等[87]通过从场景细节和颜色保真度的角度考虑，将原始影像的颜色梯度信息和参考影像的直方图信息相结合，提出了一种表述为优化问题的局部色彩转换方法。Yang 等[88]试图在影像上绘制笔触来选择色彩转换的目标区域，创新性地提出了一种在影像编辑中进行局部色彩转移的互动技术，他们通过使用增强型色彩分类方法对目标区域进行分割，然后将新色彩专门转移到该区域内的像素上。Hristova 等[89]将关注点集中在光线与色彩两个颜色特征上，提出一种通过高斯混合模型对原始影像与参考影像进行聚类划分的方法，其中有三种创新开发的映射关系，最后应用参数与局部的色彩转换，得到视觉效果与饱和度平衡的结果。Protasiuk 等[90]提出了一种仿射变换模型，结合原始影像与参考影像之间的局部色彩映射和全局协方差信息，来达到影像增强及质量保真的目的。当前管理局部颜色迁移的方法具有局限性，并且可能受到非线性因素的影响，导致颜色数据的减少和失真，Wang 等[91]为突破整体着色的限制，实现准确的子区域着色，并进行精确有效的局部颜色迁移，提出了一种创新性局部色彩转换技术，该技术利用颜色通道的统计直方图和牛顿差分法来拟合和分割直方图，提取感兴趣区域的颜色直方图数据，并在两个区域进行比较，利用最优传输理论的切片法对影像的颜色分布进行匹配和传输，提高了算法的效率。Zhu 等[92]针对 Reinhard 等[50]的思想中 LAB 色彩空间颜色分布差异，以及传输结果影像和参考影像中缺乏层次结构的问题，从参考影像和指定影像中分割前景和背景区域，然后在合并和增强透射区域以获得最终影像之前，将使用最优透射理论来分别转移这些区域的颜色，基于切片 Wasserstein 距离的局部颜色传输来解决先前方法中发现的噪声、模糊细节、层次缺失和异常颜色分布的问题。

1.5.2 基于用户交互的色彩转换方法

基于用户交互进行遥感影像的色彩转换方法主要方式是允许用户对影像中的特定特征或区域进行主观的色彩映射调整。Liu 等[93]提出了一种通过应用椭圆体颜色混合图在影像和视频中选择性色彩转换技术，针对传统的色彩转换方法需要进行困难的图像分割和用户交互的问题，他们利用椭球体来表示影像颜色统计，从而生成颜色混合图，计算输出影像中像素的混合权重，从而实现自动将用户选择的色彩转换到输出影像的相应结构中。Zhang 等[94]使用情感单词或图像输入开发了一款生成配色方案的工具（Emocolor），该工具使用交互式遗传算法来优化与用户情绪匹配，能够将具有主色的影像的情绪传达到配色方案，从而更准确地描述情绪和颜色之间的联系。

1.5.3　基于深度学习的色彩转换方法

基于深度学习的色彩转换方法是利用训练的深度神经架构使其理解色彩空间的关系和模式，以此来捕捉和传输复杂的色彩映射并进行相应的匹配。Gatys 等[95]提出了一种利用卷积神经网络进行影像内容分离和色彩风格重组的深度学习方法，它不仅可以保证人类感知层面的高质量分割结果，还能对众多艺术风格的影像进行迁移转换。Penhouët 等[96]基于 Gatys 等[95]的工作内容，提出一种使用难度低、时间成本低的语义分组自动分割方法，并引入影像评估损失函数，保证了影像的美感。Afifi 等[97]提出一种通过直方图控制神经网络生成图像色彩的模型，利用色彩直方图提高空间信息与图像色彩的灵活度，使得色彩转换效果在视觉上有合理的风格和外观。Li 等[98]通过集成注意力驱动模块创建了一个预测转移参数的框架，其中注意力驱动模块已被集成用于学习差异化的迁移参数，从而使模型更具适应性和持久性，克服了水下成像环境的复杂性和取决于波长的吸收效应等困难，同时对高分辨率影像也有一定的兼容性。

通过上述的分析，在遥感影像中进行图像分割和色彩转换时主要应考虑以下两个问题。

（1）如何实现对遥感影像的地物粗分类，这是能够顺利进行色彩转换相关工作的前提保障。

（2）如何实现自适应的色彩转换以解决颜色偏移、局部地物色彩失真、色调变化等问题，保证原始影像和参考影像之间正确的色彩信息匹配。

第 2 章

遥感影像色块的自动化提取

2.1　影像色块提取问题分析

获取卫星遥感影像数据时，由于受到不均匀的光照、不同环境和不同的传感器设备等条件的影响，遥感影像中会存在局部亮度和色彩分布不均匀的现象，特别是在单幅多源拼接影像内部亮度或色彩差异较大，影像看起来是由很多"色块"组成，需要对多源拼接影像进行色彩一致性处理。在处理过程中，将影像整体作为处理目标时难以获得较好的处理效果，但是多源拼接影像中各个色块的形状均表现为规则多边形，且色块内部的亮度和色彩分布均匀，因此本节首先将各个色块提取出来，将每个色块作为整体处理对象进行色彩平衡处理，从而获得色彩分布均匀的结果影像。

针对影像色块自动化提取问题，本节内容包括以下三个方面。

（1）确定色块提取的方法。利用该方法对影像进行第一次色块提取操作，目标在于获得一个符合色块分布的结果二值图，二值图中前景部分为一个色块，其背景部分为其余色块。

（2）多源拼接影像中可能存在不止两个色块，因此当对影像进行第一次色块提取操作后，某个提取结果中可能仍包含多个色块，需要接着讨论如何判断提取结果中是否仍含有不同的色块，并需要对含有不同色块的提取结果再次进行色块提取操作，直至提取结果全为单个色块为止。

（3）对影像各个色块提取结果的准确率进行评价。一方面，色块提取准确率较高时能够说明本章色块提取方法的有效性；另一方面，对于多源拼接影像中提取出的各个色块，当色块提取准确率较高时，颜色平衡涉及的色差区域范围较小，色彩一致性处理能取得较好的结果，因此本章对色块提取的准确率进行定量评价。

2.2　影像色块提取方法

2.2.1　色彩模型及转换

在图像处理过程中，有很多种色彩模型能表示颜色，如 RGB 色彩模型、HSV 色彩模型和 CMYK（cyan，magenta，yellow，black）色彩模型等，其中 RGB 色彩模型广泛应用于图像显示系统，主要通过对红、绿、蓝三种颜色进行叠加生成各种各样的色彩。如图 2.1 所示，RGB 色彩模型在三维空间坐标系中表现为一个长度为 1 的立方体，坐标系的原点代表黑色，其三个轴上的顶点分别对应绿色、蓝色和红色[99]。

RGB 色彩模型表达颜色比较直观，用三维空间的表现形式比较容易被人眼分辨。自然环境条件下的亮度发生改变时，会直接影响 RGB 图像的三个分量；另外当图像的某一个分量发生了一定程度的变化时，其他两个分量也会跟着发生相应改变。RGB 色彩模型是一种不均匀分布的色彩模型，坐标空间中点和点之间值的差异和人眼对颜色的感知差距较大。因此，RGB 颜色空间常应用于显示系统，不适合进行图像分割等操作。

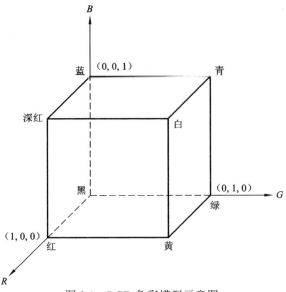

图 2.1　RGB 色彩模型示意图

如图 2.2 所示，HSV 色彩模型可以表示成一个圆锥体，圆锥的长轴代表亮度 V，取值范围为 0～100%，亮度越高时颜色越明亮。饱和度 S 的数值可以由垂直于长轴的轴线表示，其取值范围也是 0～100%，饱和度越高，其颜色越深。环绕着长轴的是色调 H，色调 H 的值为 0 时代表颜色为红色，色调 H 的值为 120 时则代表绿色。在表示 HSV 色彩模型的圆锥体中，其最上方的圆周存在最高亮度和最大饱和度[100]。相较于 RGB 色彩模型，HSV 色彩模型能更好地感知色彩变化，更符合人类视觉的感知特性，而且 HSV 色彩模型中亮度和色调信息无关，更方便人们对颜色信息进行比较，常用于分割指定区域或物体。

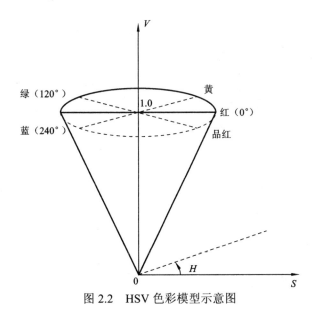

图 2.2　HSV 色彩模型示意图

影像中不同色块在 HSV 颜色空间中表现出的差异较为明显，更有利于对色块进行提取，因此提取色块前首先需要将影像由 RGB 颜色空间转换成 HSV 颜色空间，从 RGB 颜色空间中一点(R, G, B)转化到 HSV 颜色空间一点(H, S, V)的转换规则如下：

$$V = \max(R, G, B) \tag{2.1}$$

$$S = \begin{cases} \dfrac{V - \min(R, G, B)}{V}, & V \neq 0 \\ 0, & V = 0 \end{cases} \tag{2.2}$$

$$H = \begin{cases} 60(G - B) / (V - \min(R, G, B)), & V = R \\ 120 + 60(B - R) / (V - \min(R, G, B)), & V = G \\ 240 + 60(R - G) / (V - \min(R, G, B)), & V = B \end{cases} \tag{2.3}$$

对于具有明显不同颜色分块的单幅影像，不同影像中出现明显色块的原因各不相同，如图 2.3（a）所示，影像 1 中存在上下两个色块，色块间的差异在其 H 分量[图 2.3（b）]中最为明显，此时利用 H 分量能更准确地提取色块；当涉及多个色块的影像时，影像色块间会存在色调、饱和度或亮度上的差异，如图 2.3（e）所示，其 H 分量和 S 分量反映色块分布较为准确。因此使用 HSV 三分量中单独某一个分量并不能实现所有多色块影像的色块提取操作，需要对其所有分量进行色块提取，并自动判断出最接近色块分布的提取结果。

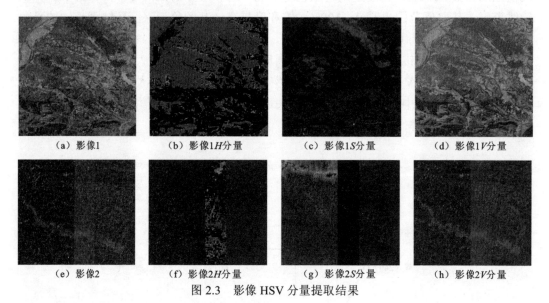

| （a）影像1 | （b）影像1H分量 | （c）影像1S分量 | （d）影像1V分量 |

| （e）影像2 | （f）影像2H分量 | （g）影像2S分量 | （h）影像2V分量 |

图 2.3　影像 HSV 分量提取结果

2.2.2　图像大津法处理

图像分割作为图像处理中常用的方法，能够帮助人们进一步理解图像的组成。简单来说，图像分割的目的在于获取图像中感兴趣的区域或物体，本小节中感兴趣区域即为多源拼接影像中的各个色块，因此需要进行图像分割等处理提取出影像的各个色块。在多源拼接影像中各个色块拼接处能看到明显的边界，这是因为在不同色块之间由灰度的阶跃变化产生了区域的边界，因此根据区域边界处像素灰度不连续性的特点选取阈值分割的方法将图像分割成背景区域和前景区域两部分，从而实现影像中色块的提取。图像大津法作为经典的全局阈值分割算法，计算简单，主要原理如下。

将原始影像行列数分别记为 M 和 N，将分割前景区域和背景区域的阈值记为 T，影像中像素值小于阈值 T 的像素数目记为 N_0，像素值大于阈值 T 的像素数目记为 N_1，则有

$$w_0 = \frac{N_0}{M \cdot N} \tag{2.4}$$

$$w_1 = \frac{N_1}{M \cdot N} \tag{2.5}$$

$$\mu = w_0 \cdot \mu_0 + w_1 \cdot \mu_1 \tag{2.6}$$

$$g = w_0 \cdot (\mu_0 - \mu)^2 + w_1 \cdot (\mu_1 - \mu)^2 \tag{2.7}$$

式中：w_0 为前景区域像素数目占影像总像素数目的比例，其像素均值为 μ_0；w_1 为背景区域像素的数目占影像总像素数目的比例，其像素均值为 μ_1；μ 为影像的总像素均值；g 为类间方差，根据上述计算方法计算出的类间方差 g 最大时，对应的阈值 T 即为最佳分割效果的阈值。

对多源拼接影像的 HSV 三个分量分别进行大津法分割后的结果如图 2.4 所示，可以看出经过大津法分割后，具有相近特征的区域被归为一类，如图 2.4（b）、（g）和（h）中分界线较为明显，更有利于提取色块。本小节提取色块的目标在于将影像中一个色块区域记作二值图中的前景区域，其余色块标记为背景区域。以图 2.4（a）为例，需要将影像中两个色块分别表示为前景区域和背景区域。图 2.4（b）中，上方色块前景像素较多，但是也存在很多小的背景区域，图像闭运算有助于填充前景物体内的小孔洞，因此对大津法分割后的结果进行图像闭运算。在进行图像闭运算处理之前，为了避免部分小连通区进行图像闭运算时破坏边界线信息，需要先将小连通区填充为背景区域。

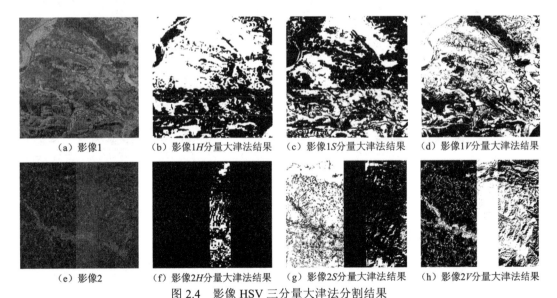

（a）影像1　　　（b）影像1*H*分量大津法结果　　（c）影像1*S*分量大津法结果　　（d）影像1*V*分量大津法结果

（e）影像2　　　（f）影像2*H*分量大津法结果　　（g）影像2*S*分量大津法结果　　（h）影像2*V*分量大津法结果

图 2.4　影像 HSV 三分量大津法分割结果

2.2.3　图像小连通区分量的填充

对图像进行分析时，常涉及二值图中连通区域的处理，处理连通区域前首先需要对各个连通区域进行标记。本章选择了一种较为高效的连通区提取方法对各个分量大津法分割结果中的小连通区域进行标记，该方法对图像进行逐行遍历并记录等价对。具体标记过程为：首先对二值图按行扫描，记录每行区域中前景像素的起始位置和终止位置，除第一行可以直接进行标记外，其余各行需要首先判断前景像素与上一行的序列是否存在 8 邻接关系，若没有邻接关系，则需要分配一个新的标记；若与一个标记区域存在邻接关系时，直接使用该序列的标记；若与不止一个标记区域存在邻接关系，则使用序列标记中最小的作为标记，并把其余的序列标记和该标记都记录成等价对，等价对中的各个序列代表这些区域是连通的；最后消除等价对并更新序列标记，即将等价对中标记值不同的区域记录为同一连通区。得到标记后的连通区域后，统计各个连通区的面积，并设定一个特定的面积阈值将小连通区填充为背景区域，图 2.5（b）中下半部分已经全部填充为背景区域，且边界线处的小连通区已经被消除，为了提取影像中上半部分感兴趣的色块，需要将上半部分前景区域中小的背景区域去除，使图像上方色块全为前景区域。同样，图 2.5（g）中右侧部分也全部被填充为背景区域，去除左侧前景区域中小的背景区域后更有利于提取色块。

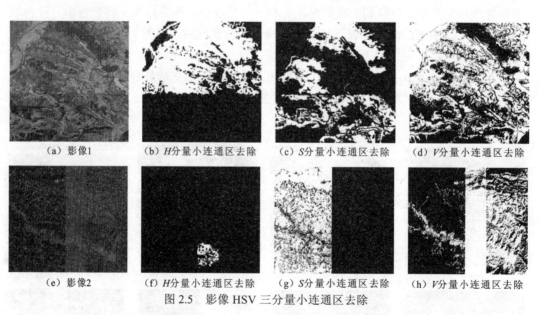

|（a）影像1|（b）H分量小连通区去除|（c）S分量小连通区去除|（d）V分量小连通区去除|

（e）影像2　　（f）H分量小连通区去除　　（g）S分量小连通区去除　　（h）V分量小连通区去除

图 2.5　影像 HSV 三分量小连通区去除

2.2.4　图像的闭运算和边界拟合

接着对上述小连通区去除结果进行一定尺寸的图像闭运算处理，图像闭运算可用于去除前景物体中的孔洞，其处理过程为先膨胀后再腐蚀。腐蚀和膨胀作为图像形态学处理中的基础方法，常用于提取图像中感兴趣物体或区域，主要原理在于选择一种特定形状的结构元素，对图像进行逐步分类并分割出感兴趣物体或区域，其具体定义如下：

$$A \oplus B = \{x | (B)_x \bigcap A \neq \varnothing\} \tag{2.8}$$

$$A \ominus B = \{x | (B)_x \subseteq A\} \tag{2.9}$$

式（2.8）代表结构元素 B 对集合 A 进行膨胀的过程，其中结构元素 B 移动到图像的 x 处，与该区域进行"与运算"，当图像中该区域计算结果全为 0 时，该位置的像素取值为 0，否则取值为 255；式（2.9）代表结构元素 B 对集合 A 的腐蚀过程，结构元素 B 移动到图像的 x 位置，与该位置的区域进行"或运算"，若图像中对应区域像素值计算结果全为 255 时，该位置像素取值为 255，否则取值为 0。

由于多源拼接影像的大小不同，无法设置统一的图像闭运算尺寸，但是在多源拼接影像的 H、S、V 分量中至少存在一个分量的色块间存在明显差异，且该分量中色块均值的差值一定是最大的，本小节把影像中不同色块的均值差值作为色块提取结果的判断标准。具体过程如下。

（1）对各分量小连通区去除结果进行尺寸为 p 的图像闭运算。

（2）对各个分量闭运算结果中的前景区域进行轮廓拟合得到一个近似多边形区域，并将该多边形区域像素重新赋值为前景像素，其余像素为背景像素，将该二值图记作拟合结果。

（3）计算每个分量中前景区域和背景区域的像素均值的差值，其中像素均值计算方法如下：

$$\text{Mean} = \frac{1}{n} \sum_{i=1}^{n} x_i \tag{2.10}$$

式中：x_i 为图像各分量中前景区域或背景区域第 i 个像素的像素值；n 为像素个数；Mean 为像素均值。

（4）设置步长 Δp，逐步增加图像闭运算尺寸 p 的大小到设定的最大值 M，重复上述计算步骤，计算出每个闭运算尺寸对应的各分量的均值差值后，找到最大的均值差值对应的拟合结果。

（5）把上一步确定的拟合结果中前景区域和背景区域的像素值进行反转，并将拟合结果和反转结果分别掩膜到多源拼接影像中，得到的两个掩膜结果称为第一次色块提取的最优结果。

在具体实验中，根据不同类型影像的尺寸，将 p 的初始值设置为 10，最大值 M 默认为 100，对影像 1 和影像 2 进行上述处理。影像 1 在对其 H 分量进行尺寸为 30 的图像闭运算时，计算出的均值差值最大，为 45.6；影像 2 在对其 H 分量进行尺寸为 20 的图像闭运算时，均值差值最大为 53.4；影像 1 和影像 2 的第一次色块提取的最优结果如图 2.6 所示，可以看出多源拼接影像分成了两个部分，对于影像 1 已经准确提取了两个色块，由于图 2.6（d）中包含两个及以上色块，提取结果中仍存在包含多色块的情况，需要进一步判断和处理。

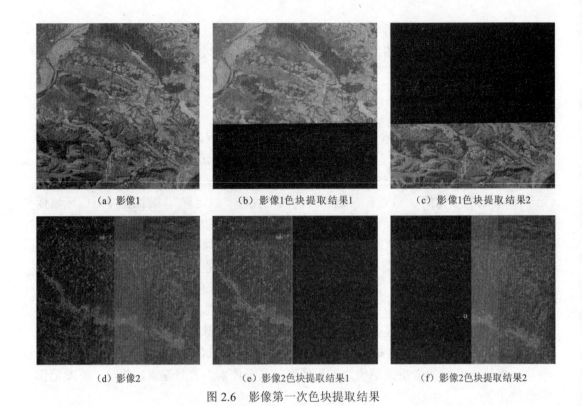

| （a）影像1 | （b）影像1色块提取结果1 | （c）影像1色块提取结果2 |
| （d）影像2 | （e）影像2色块提取结果1 | （f）影像2色块提取结果2 |

图 2.6　影像第一次色块提取结果

2.3　影像色块提取流程自动化

2.3.1　影像色块提取结果均值分布图计算

　　进行第一次色块提取后，需要判断提取结果是否为单个色块，若不是单个色块，则需要对该提取结果继续进行上述色块提取操作，直到每个提取结果都为单色块为止。本小节研究的是色块提取结果中非背景区域的像素，将其称为前景区域。影像中各个区域的均值能表现出影像的颜色变化，当色块提取结果中仍存在明显色块分布时，色块接边处两侧区域的均值会存在较大差异，因此根据这个特点，本小节对影像色块提取结果进行进一步处理，首先将色块提取结果分成若干大小的图像块，统计各个区域均值后进行判断，具体步骤如下。

　　（1）首先将影像提取结果由 RGB 颜色空间转为 HSV 颜色空间，并提取其 HSV 三个分量。

　　（2）对 HSV 各个分量，根据实验数据集中影像数据的尺寸，选择 50 像素×50 像素的大小对其分块，图像块的大小不足 50 像素×50 像素时则忽略不计。

　　（3）为了区分出研究的前景区域和更明显地表示出影像各个区域的均值变化，本小节对各个图像块进行下述均值计算和重赋值操作：当图像块中全是前景区域时，则计算其前景区域的均值，并把该均值赋值给该图像块中每个像素；如果图像块中全为背景区域，则直接将该图像块中每个像素都赋值为 255；如果图像块中存在背景区域，且其前景区域像素数目大于图像块中总像素数目的 1/4 时，计算图像块中前景区域的像素均值，并将该图像块中前景区域每个像素值赋为计算出的均值，背景区域的像素值则赋为 255；否则直接将图像块中每个像素都赋值为 255；将得到的结果记为均值分布图。

（4）统计各个分量中前景区域的所有图像块的均值数据，以 H 分量为例：将图像块的均值数据记为集合 MH$\{mh_1, mh_2, \cdots, mh_m\}$，其中 m 是前景区域中图像块的个数，$mh_1, mh_2, \cdots, mh_m$ 是前景区域各个图像块的均值数据。因为多色块拼接影像的色块间的颜色差异在各个分量中表现程度不同，当一个分量中沿着某个方向的区域间颜色差异越大，即图像块的均值数据变化程度越大时，越有可能是多色块；因此选择计算均值数据的标准差来表示各分量中图像块均值数据的离散程度，分别计算 H、S、V 三个分量中图像块的均值数据集合 MH 对应的标准差，标准差越大时，代表均值分布图中均值数据的变化程度越大，更可能是多个色块。选择计算出的三个标准差中最大值对应的结果作为代表该影像中色彩变化的均值分布图。

对影像 1 和影像 2 的色块提取结果进行上述均值分布图的计算，得到的均值分布图如图 2.7 所示，均值分布图中图像块亮度越高，表明该图像块均值数据越大，当前景区域中相邻图像块间均值数据均表现出较大差异时，该色块提取结果更可能是单个色块；影像 1 的两个均值分布图结果中，各个图像块间均值数据变化较为剧烈且图像块的亮度分布不规则，更符合单个色块中地物的分布，但是从图 2.7（d）中可以看出，左侧部分图像块的亮度均表现为较暗，且均值变化缓慢，与右侧均值变化有一定差异，因此色块提取结果影像 2 均值分布图 2 更可能包含两个色块。

（a）影像1均值分布图1　　　　　　　（b）影像1均值分布图2

 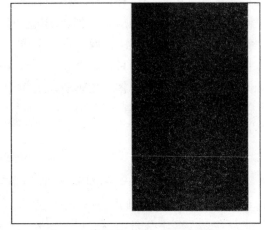

（c）影像2均值分布图1　　　　　　　　（d）影像2均值分布图2

图 2.7　影像色块提取结果均值分布图

2.3.2　影像色块提取结果重赋值均值分布图计算

　　为了让均值数据之间的差异表现得更加明显，对均值分布图中前景区域的像素进行重赋值，重赋值方法具体如下：将均值分布图中前景区域所有图像块的均值数据，记为集合 $M1\{m1_1,m1_2,\cdots,m1_q\}$，其中 q 是待研究区域所有图像块的个数，$m1_1,m1_2,\cdots,m1_q$ 是前景区域各个图像块的均值数据，利用大津法对集合 $M1$ 中均值数据进行分类，并将前景区域中均值大于分割阈值的图像块都赋值为 150，均值小于或等于分割阈值的图像块都赋值为 0，计算出的结果记为重赋值均值分布图，如图 2.8 所示，前景区域被分割为两类后，一定程度上反映出色块提取结果中的颜色分布，图 2.8（a）～（c）中存在数量较多的连通区且分布较为分散，色块提取结果更可能为单个色块。从图 2.8（d）中可以看到分割出的两类区域沿着某个方向分布较为集中，更有可能是多色块分布。

2.3.3　影像色块提取结果均值分布纠正图计算

　　多源拼接影像中各个色块内部的地物色彩差异较小，其均值变化较为缓慢。色块之间表现出的颜色差异较大，则各个色块整体的均值数据相差较大。将重赋值均值分布图中所有背景区域统称为区域 A，所有值为 150 的连通区统称为区域 B，计算对应均值分布图中区域 A 和区域 B 的均值及其均值差值。根据上述特点，提取结果为单色块时，均值变化较为缓慢，其均值差值一定小于多色块提取结果中计算出的均值差值，即存在一个阈值可以判断色块提取结果是否为单色块，但是在计算均值差值之前要先消除一些特殊区域的影响。

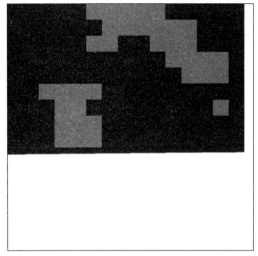

（a）影像1重赋值均值分布图1

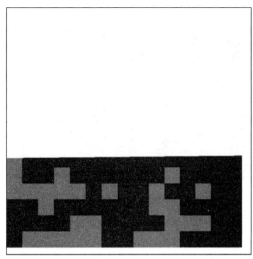

（b）影像1重赋值均值分布图2

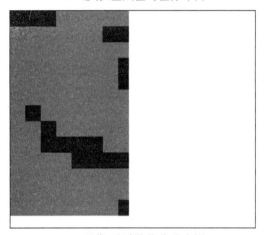

（c）影像2重赋值均值分布图1

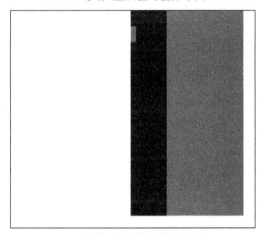

（d）影像2重赋值均值分布图2

图 2.8　影像色块提取结果重赋值均值分布图

多源拼接影像的各个色块中可能存在一些特殊区域，其色彩或亮度与周围区域差异较大，这些特殊区域在重赋值均值分布图中会被分类成值为 150 的连通区，该类连通区的均值较大，会加大单色块中计算出的均值差，不利于阈值的选取，因此计算均值差值之前，需要消除这些特殊区域的影响。根据面积占比情况，利用大津法对面积数据进行分类，将面积较小的值为 150 的连通区填充为背景区域，减小了均值差值，有利于后续阈值的设置。具体做法为：统计重赋值均值分布图中前景区域所有连通区的面积，包括背景区域连通区和值为 150 的连通区。将连通区面积数据记作集合 Area$\{$ area$_1$, area$_2$,$\cdots$, area$_n$ $\}$，其中 n 是前景区域中连通区的数目，area$_1$, area$_2$,$\cdots$, area$_n$ 为各个连通区的面积。利用大津法得到集合 Area 中面积数据的分割阈值，面积小于分割阈值的连通区都填充为背景区域，填充后的结果记为均值分布纠正图。图 2.9（a）和（b）中前景区域填充后的结果全为背景区域，说明重赋值均值分布图中值为 150 的区域面积整体占比较小，更符合单色块中地物分布的特点。因此影像 1 的两个色块提取结果全为单色块。图 2.9（c）和（d）仍需要进一步判断。

（a）影像1均值分布纠正图1 　　　　　　　　（b）影像1均值分布纠正图2

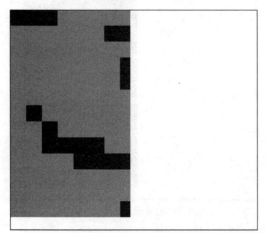

（c）影像2均值分布纠正图1 　　　　　　　　（d）影像2均值分布纠正图2

图 2.9　影像色块提取结果均值分布纠正图

2.3.4　影像色块提取结果判断

　　将均值分布纠正图中所有值为 0 的连通区统称为区域 A，值为 150 的连通区统称为区域 B，计算均值分布图中区域 A 和区域 B 的像素均值，并计算其均值差值。对实验数据集中若干幅多源拼接影像进行色块提取，并按照上述过程计算色块提取结果的均值差值，绘制折线图，如图 2.10 所示。可以看出色块提取结果为单色块时计算出的均值差值小于 18；色块提取结果中存在不止一个色块时，计算出的均值差值大于 18；因此设置均值差值阈值为 18，当计算出的均值差值大于 18 时，提取结果为多色块，需要继续进行色块提取并直至色块提取结果为单个色块为止。当均值差值小于 18 时，色块提取结果为单色块。对影像 2 的色块提取结果进行判断，其中图 2.9（d）中计算出的均值差值为 38.1，大于设置的阈值，因此影像 2 色块提取结果 2 中存在不止一个色块，对其继续进行迭代提取，最终影像 2 色块提取结果如图 2.11 所示。

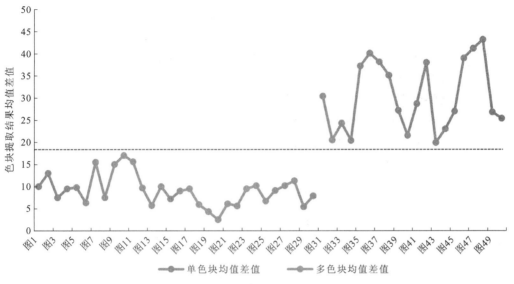

图 2.10　色块提取结果均值差值数据折线图

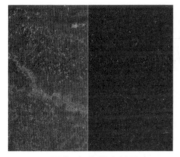

（a）影像2色块提取结果1　　　　（b）影像2色块提取结果2　　　　（c）影像2色块提取结果3

图 2.11　影像 2 色块提取结果

2.4　影像色块提取实验分析

2.4.1　影像色块提取准确率评价指标

对色块提取的准确率进行分析，因色块提取的结果对色块间的颜色平衡有十分重要的影响，当色块提取的准确率较高时，颜色平衡涉及的色差区域范围较小，色块间的颜色转移能取得较好的处理效果，须对色块提取的准确率进行定量评价。本小节将色块提取结果以二值图的形式进行表示，其中一个色块表示为前景区域，其余色块为背景区域，并选择二分类评价指标对色块提取结果进行评价，具体的评价指标包括准确率（accuracy）、精确率（precision）、召回率（recall）和综合评价指标（F_Measure）。

准确率（accuracy）是指色块提取结果正确检测出的像素数目占总像素数目的比例，其计算公式为

$$accuracy = \frac{TP + TN}{TP + TN + FP + FN}$$ （2.11）

式中：TP 为色块提取结果中是前景区域的像素，实际上也是前景区域的部分；TN 为色块提取结果中是背景区域的像素，实际上也是背景区域的部分；FP 为色块提取结果中是前景区域的像素，但实际上是背景区域的部分；FN 为色块提取结果中是背景区域的像素，但实际上是前景区域的部分。

精确率（precision）是指在色块提取结果中被检测为前景区域的像素中确实为前景区域的比例，其计算公式为

$$precision = \frac{TP}{TP + FP}$$ （2.12）

召回率（recall）是指在色块提取结果中实际为前景区域的像素中被正确检测为前景区域的比例，其计算公式为

$$recall = \frac{TP}{TP + FN}$$ （2.13）

为了综合考虑评价准确性，利用综合评价指标 F_Measure 对 precision 和 recall 这两个指标进行加权平均：

$$F\_Measure = \frac{2 \times precision \times recall}{precision + recall}$$ （2.14）

2.4.2 影像色块提取准确率评价

对多源拼接影像的色块提取结果如图 2.12 所示，制作反映色块分布的二值图标签后，对代表色块提取结果的二值图进行评价指标的计算，各个色块的评价指标计算结果如表 2.1 所示，从表中可以看出提取色块的准确率最低为 98.5%，说明本章提取色块的方法准确度较高，能够较为精确地提取各个色块，而且精确率和召回率指标都超过 96%，综合评价指标超过了 98%，上述数据表明本章方法提取色块的结果较为接近真实色块分布。

(a) 影像1   (b) 色块1   (c) 色块2

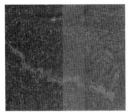

（d）影像2　　　　　　　　（e）色块1　　　　　　　　（f）色块2　　　　　　　　（g）色块3

图 2.12　影像色块提取结果二值图

表 2.1　色块提取准确率评价

影像	色块	accuracy	precision	recall	F_Measure
影像 1	1	0.985	0.975	1	0.987
	2	0.985	1	0.963	0.981
影像 2	1	0.991	0.981	1	0.990
	2	0.993	1	0.960	0.980
	3	0.999	0.999	0.999	0.999

2.5　本 章 小 结

　　针对多源拼接影像中亮度和色彩分布不均匀现象，本章介绍了一种自动化提取影像中各个色块的方法，主要通过色彩模型的转换、大津法的图像分割、图像小连通区的去除、图像闭运算处理和边界拟合等步骤进行第一次色块提取，并对第一次色块提取的结果进行判断，若提取结果中仍存在不止一个色块，则需要继续进行色块提取操作，直到色块提取结果全为单色块为止，本章实现了上述流程的自动化处理。最后选取相应的二分类评价指标，对各个色块提取结果进行准确率评价，实验证明，本章方法提取色块具有较高的准确率，有助于下一步各色块间色彩平衡的处理。

第 3 章

遥感影像匀色中的色彩平衡

第 2 章针对多源拼接影像已经实现了自动化提取出影像中所有色块，本章对各个色块进行色彩平衡，从而使影像各个色块具有相近的色调。获得多源拼接影像的各个色块提取结果后，多源拼接影像中存在的两类问题，即亮度和色彩分布不均匀的问题，都转化成单幅影像的匀光和匀色问题，现在可以将每个色块提取结果都作为单幅影像进行全局的色彩一致性处理，这大大降低了色彩一致性处理的难度。总体来说，本章后续需要进行的工作包括以下两个方面。

（1）需要选择一种高效且适用性较强的处理算法对各个色块进行色彩平衡，从而解决各色块间存在的亮度或色彩差异问题。

（2）各个色块提取结果中只需要对前景区域进行色彩一致性处理，因此，后续步骤需要在已经确定的方法的基础上实现一种针对影像中任意感兴趣区域的色彩一致性处理方法。

3.1　影像色块间色彩平衡算法

针对影像间的色彩差异，常用的算法包括 Wallis 匀色算法、直方图匹配算法和颜色转移算法等，这些匀色算法的优缺点在本书研究现状中已经讨论过，该类算法简单高效，能够有效处理影像间存在的亮度和色彩差异，使得影像间色彩达到一致。本小节首先介绍这三种算法的具体原理，并对其结果进行分析和比较，最终选择一种较为合适的算法。

3.1.1　Wallis 匀色算法

影像的均值变化能反映出影像整体亮度的变化，影像的标准差代表影像所有像素灰度值的动态变化范围，根据空间相关性定律，一定区域范围内的地物之间应该具有相似的特性，且地物间的距离越近，其相关性越大，因此相邻影像之间应该具有一致的亮度和色彩分布，即相邻影像间应具有相近的均值和标准差。Wallis 匀色算法是一种常见的线性色彩一致性处理算法，算法的基本原理在于：利用 Wallis 滤波器将原始影像的均值与标准差调整到给定的参考影像的均值与标准差，使得原始影像和参考影像具有相近的色调。Wallis 匀色算法的表达式为

$$f(x,y) = [g(x,y) - m_{\mathrm{g}}]\frac{cs_{\mathrm{f}}}{cs_{\mathrm{g}} + (1-c)s_{\mathrm{f}}} + bm_{\mathrm{f}} + (1-b)m_{\mathrm{g}} \tag{3.1}$$

式中：$g(x,y)$ 和 $f(x,y)$ 分别为原始影像和结果影像在 x 行 y 列处的灰度值；m_{g} 和 s_{g} 分别为原始影像的均值和标准差；m_{f} 和 s_{f} 分别为参考影像的均值和标准差；b 和 c 为影像的扩展系数，取值范围均为[0,1]。

Wallis 滤波变换是一种线性变换方式，式（3.1）同样可以表达为

$$f(x,y) = g(x,y)r_1 + r_0 \tag{3.2}$$

式中：r_1 为乘性系数；r_0 为加性系数。r_1 和 r_0 的计算方法如下：

$$\begin{cases} r_1 = \dfrac{cs_f}{cs_g + (1-c)s_f} \\ r_0 = bm_f + (1-b-r_1)m_g \end{cases} \tag{3.3}$$

典型的 Wallis 匀色算法中，往往将参数 b、c 都取值为 1[101]，此时 Wallis 匀色算法的公式如下：

$$f(x,y) = [g(x,y) - m_g]\left(\frac{s_f}{s_g}\right) + m_f \tag{3.4}$$

3.1.2 直方图匹配算法

直方图匹配又称直方图规定化，常用于影像间的匀色处理，使不同的影像具有相近的色调，主要原理是选择合适的参考影像，通过累积分布函数的处理，使原始影像和参考影像的直方图具有相似的形状，原始影像即具有和参考影像一致的色彩分布[102]。直方图均衡化理论是直方图匹配的基础，直方图均衡化是按照规定的直方图分布形状将影像中整个灰度级范围的像素进行拉伸，这种整体拉伸的方法一般可用于影像增强，目标在于增强影像细节部分的对比度。直方图匹配算法是以参考影像的直方图分布形状为基准对所有像素的灰度分布进行拉伸，该算法是一种非线性算法，首先选择一幅目视效果较好的参考影像作为模板，通过直方图映射的方式，使原始影像的直方图分布与参考影像的直方图分布趋于一致。直方图匹配的具体过程如下。

首先对原始影像进行直方图均衡化：

$$S_m = T[r_m] = \sum_{i=0}^{m} P_r(r_i) = \sum_{i=0}^{m} \frac{n_i}{N} \tag{3.5}$$

接着对参考影像进行直方图均衡化：

$$V_m = \boldsymbol{G}[z_m] = \sum_{i=0}^{m} P_z(z_j) \tag{3.6}$$

式中：r_m 与 z_m 分别为原始影像与参考影像；$P_r(r_i)$ 和 $P_z(z_j)$ 分别为原始影像和参考影像的直方图，对原始影像与参考影像进行直方图均衡化处理之后得到 s_k 与 v_m；m 为整数，且取值范围为 $[0, L-1]$。对原始影像和参考影像均进行直方图均衡化处理，目的是找到一个从原始影像到参考影像的直方图映射关系，即 $r_m \to z_m$ 的映射关系，原始影像和参考影像的直方图分布经过均衡后均为近似均匀分布，其灰度分布函数近似相等，因此有

$$\begin{cases} S_m = V_m \\ z_m = \boldsymbol{G}^{-1}[V_m] \\ z_m = \boldsymbol{G}^{-1}[S_m] \end{cases} \tag{3.7}$$

从式（3.7）可以看出，$r_m \to z_m$ 的映射关系可表示为

$$z_m = \boldsymbol{G}^{-1}[T[r_m]] \tag{3.8}$$

对原始影像进行上述过程的计算即可得到直方图匹配后的结果影像。

3.1.3 颜色转移算法

颜色转移算法是根据参考影像的颜色分布改变原始影像颜色的过程，目的是将参考影像的颜色特征转移到原始影像上，以改善其视觉效果。从统计学的角度来看，可以将每个像素的值视为一个三维随机变量，并通过平移、旋转和缩放等步骤改变原始影像在 RGB 三维空间中数据点簇的位置和形状，以适应 RGB 颜色空间中参考图像的数据点簇[103]。

颜色转移的主要步骤如下。首先，计算参考影像和原始影像沿三个轴的像素数据平均值以及颜色空间中三个分量之间的协方差矩阵，其中参考影像和原始影像的像素均值分别记作 $(\overline{R}_{\text{ref}}, \overline{G}_{\text{ref}}, \overline{B}_{\text{ref}})$ 和 $(\overline{R}_{\text{src}}, \overline{G}_{\text{src}}, \overline{B}_{\text{src}})$，协方差矩阵分别为 Cov_{ref} 和 Cov_{src}，其中下标 ref 和 src 分别表示参考影像和原始影像，然后使用 SVD 算法对协方差矩阵进行分解，结果如下：

$$\text{Cov} = \boldsymbol{U} \cdot \boldsymbol{A} \cdot \boldsymbol{V}^{\text{T}} \tag{3.9}$$

$$\boldsymbol{A} = \text{diag}(\lambda^{\text{r}}; \lambda^{\text{g}}; \lambda^{\text{b}}) \tag{3.10}$$

式中：$\boldsymbol{U}$、$\boldsymbol{V}$ 为正交矩阵，由协方差矩阵的特征向量组成；λ^{r}、λ^{g}、λ^{b} 为协方差矩阵 Cov 的特征值。

然后进行式（3.11）的转换：

$$\boldsymbol{I} = \boldsymbol{T}_{\text{ref}} \boldsymbol{R}_{\text{ref}} \boldsymbol{S}_{\text{ref}} \boldsymbol{S}_{\text{src}} \boldsymbol{R}_{\text{src}} \boldsymbol{T}_{\text{src}} \boldsymbol{I}_{\text{src}} \tag{3.11}$$

式中：$\boldsymbol{I} = (R, G, B, 1)^{\text{T}}$，$\boldsymbol{I}_{\text{src}} = (R_{\text{src}}, G_{\text{src}}, B_{\text{src}}, 1)^{\text{T}}$ 分别为结果影像和原始影像的 RGB 空间中像素点的齐次坐标；$\boldsymbol{T}_{\text{ref}}$、$\boldsymbol{T}_{\text{src}}$、$\boldsymbol{R}_{\text{ref}}$、$\boldsymbol{R}_{\text{src}}$、$\boldsymbol{S}_{\text{ref}}$ 和 $\boldsymbol{S}_{\text{src}}$ 分别为表示参考影像和原始影像的平移、旋转和缩放矩阵。

平移矩阵计算方法如下：

$$\boldsymbol{T}_{\text{src}} = \begin{pmatrix} 1 & 0 & 0 & t_{\text{src}}^{\text{r}} \\ 0 & 1 & 0 & t_{\text{src}}^{\text{g}} \\ 0 & 0 & 1 & t_{\text{src}}^{\text{b}} \\ 0 & 0 & 0 & 1 \end{pmatrix}, \quad \boldsymbol{T}_{\text{ref}} = \begin{pmatrix} 1 & 0 & 0 & t_{\text{ref}}^{\text{r}} \\ 0 & 1 & 0 & t_{\text{ref}}^{\text{g}} \\ 0 & 0 & 1 & t_{\text{ref}}^{\text{b}} \\ 0 & 0 & 0 & 1 \end{pmatrix} \tag{3.12}$$

缩放矩阵计算过程如下：

$$\boldsymbol{S}_{\text{src}} = \begin{pmatrix} S_{\text{src}}^{\text{r}} & 0 & 0 & 0 \\ 0 & S_{\text{src}}^{\text{r}} & 0 & 0 \\ 0 & 0 & S_{\text{src}}^{\text{r}} & 0 \\ 0 & 0 & 0 & 1 \end{pmatrix}, \quad \boldsymbol{S}_{\text{ref}} = \begin{pmatrix} S_{\text{ref}}^{\text{r}} & 0 & 0 & 0 \\ 0 & S_{\text{ref}}^{\text{r}} & 0 & 0 \\ 0 & 0 & S_{\text{ref}}^{\text{r}} & 0 \\ 0 & 0 & 0 & 1 \end{pmatrix} \tag{3.13}$$

旋转矩阵计算过程如下：

$$\boldsymbol{R}_{\text{ref}} = \boldsymbol{U}_{\text{ref}}, \quad \boldsymbol{R}_{\text{src}} = \boldsymbol{U}_{\text{src}}^{-1} \tag{3.14}$$

式中：$t_{\text{src}}^{\text{r}} = -\overline{R}_{\text{src}}$，$t_{\text{src}}^{\text{g}} = -\overline{G}_{\text{src}}$，$t_{\text{src}}^{\text{b}} = -\overline{B}_{\text{src}}$ 且 $t_{\text{ref}}^{\text{r}} = \overline{R}_{\text{ref}}$，$t_{\text{ref}}^{\text{g}} = \overline{G}_{\text{ref}}$，$t_{\text{ref}}^{\text{b}} = \overline{B}_{\text{ref}}$；$S_{\text{src}}^{\text{r}} = \dfrac{1}{\lambda_{\text{src}}^{\text{R}}}$，$S_{\text{src}}^{\text{g}} = \dfrac{1}{\lambda_{\text{src}}^{\text{G}}}$，$S_{\text{src}}^{\text{b}} = \dfrac{1}{\lambda_{\text{src}}^{\text{b}}}$ 且 $S_{\text{ref}}^{\text{r}} = \lambda_{\text{ref}}^{\text{r}}$，$S_{\text{ref}}^{\text{g}} = \lambda_{\text{ref}}^{\text{g}}$，$S_{\text{ref}}^{\text{b}} = \lambda_{\text{ref}}^{\text{b}}$。

3.1.4　算法比较与分析

本小节针对上述介绍的三种色彩一致性处理算法进行实验并对比其结果影像，利用 Wallis 匀色算法、直方图匹配算法和颜色转移算法对存在色彩差异的影像进行色彩一致性处理。具体实验中选取了两幅不同类型的影像，对各算法的处理结果进行目视评价后，总结各个算法的优缺点。

首先选择两幅不同类型的影像，如图 3.1 所示，原始影像 1 的大小为 420×440，其地物类型较少，且色彩分布均匀，影像整体动态变化较小；原始影像 2 的大小为 290×255，包括高亮建筑等地物，影像中地物之间色彩反差较大。

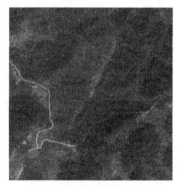

（a）原始影像1　　　　　　　　　　（b）原始影像2

图 3.1　原始影像

选择合适的参考影像，利用上述三种色彩一致性处理算法对两幅影像进行实验，实验结果如图 3.2 和图 3.3 所示。对于原始影像 1，整张影像色彩分布均匀且地物间反差较小时，经过三种算法的处理后均能获得较好的结果影像；对原始影像 2 的处理结果如图 3.3 所示，在原始影像 2 中高亮建筑物和耕地的色彩反差较大，其耕地经过 Wallis 匀色算法和直方图匹配算法处理后，与参考影像中区域 2 存在一定色差。对于上述现象的出现，主要是因为 Wallis 匀色算法主要是将原始影像的均值和标准差与参考影像进行匹配，当影像中存在高亮建筑物时，利用影像均值和标准差这两类统计指标重建影像的色调会产生一定影响。直方图匹配算法主要通过改变影像直方图的形状使其色调与基准影像一致来处理原始影像，该算法的抑噪能力较差，对噪声敏感，而且当影像直方图的形状差异较大时，直方图匹配后会改变原始影像中灰度级间的相对距离，从而使影像产生偏色和失真等现象。相比而言，颜色转移算法结果的耕地颜色更接近参考影像。

综上目视观察得到的结论可以看出三种色彩一致性处理算法对地物反差较小的影像均有较好的处理效果，但是当影像中存在地物亮度反差较大时，直方图匹配算法和 Wallis 匀色算法处理效果不佳，而颜色转移算法适用性较强，适合处理更多类型的影像，且能获得与参考影像相近的色调，因此本章选取颜色转移算法为基础对影像的各个色块进行色彩平衡处理。

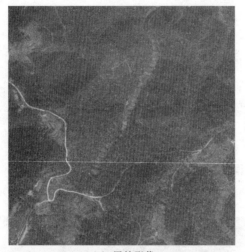
（a）原始影像1

（b）参考影像1

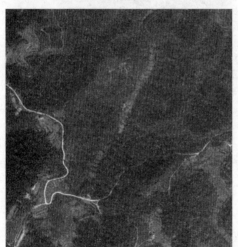
（c）Wallis匀色结果

（d）直方图匹配结果

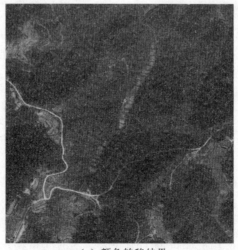
（e）颜色转移结果

图3.2　原始影像1色彩一致性处理结果

（a）原始影像2

（b）参考影像2

（c）Wallis匀色结果

（d）直方图匹配结果

（e）颜色转移结果

图 3.3 原始影像 2 色彩一致性处理结果

3.2　影像任意感兴趣区域的色彩一致性处理方法

在多源拼接影像的色块提取结果中，前景区域的形状往往表现为任意的多边形，本节将影像中待处理的前景区域称为任意感兴趣区域。

在 RGB 颜色空间中，每个像素的 RGB 值可看作一个三维随机变量，影像中任意感兴趣区域的像素在 RGB 颜色空间中表现为一定形状的三维数据点簇，本小节将通过矩阵运算将影像中任意感兴趣区域像素的 RGB 三维空间分布与参考影像的 RGB 三维空间分布相匹配，从而实现影像中任意感兴趣区域的色彩一致性处理。对于多源拼接影像的色块提取结果，需要选择合适的参考影像，并对影像中任意感兴趣区域进行色彩一致性处理，本节的主要处理过程如下。

（1）为了对影像中任意感兴趣区域进行颜色转移操作，将该区域的像素按照一定规则转化为矩阵。

（2）选择合适的参考影像，并将影像中任意感兴趣区域转化成的矩阵进行平移、旋转和缩放等操作，得到新的结果矩阵后，利用结果矩阵中的元素数值给色块提取结果中任意感兴趣区域像素重新赋值，得到最终的结果影像。

3.2.1　影像任意感兴趣区域矩阵转换规则

本小节根据对影像进行色块提取时得到的对应色块分布的二值图，确定影像中任意感兴趣区域像素的位置，并按照一定规则将其转换为矩阵。

如图 3.4 所示，以影像 1 的色块提取结果为例进行说明，图 3.4（a）中的前景区域即为色块提取结果图 3.4（b）中的任意感兴趣区域，因此利用反映色块分布的二值图确定图 3.4（b）中任意感兴趣区域像素的位置并将该区域的像素值存储到矩阵中。具体过程如下。

（a）色块1　　　　　　　　　　（b）影像1色块提取结果1

图 3.4　影像色块分布二值图和色块提取结果

（1）统计二值图 3.4（a）中前景区域的像素数目，记为 n，n 也是色块提取结果中任意感兴趣区域的像素数目，因此首先创建一个 3 行 n 列的矩阵 rgbs，矩阵中元素的初始值为 0。

（2）将色块提取结果图 3.4（b）中任意感兴趣区域的像素值存储到矩阵 rgbs 中，矩阵的 3 行元素分别存储的是 R、G、B 这三个分量的像素值。具体存储方法如下。

首先提取图 3.4（b）的 R 分量，从图 3.4（a）第一列的第一个像素开始遍历，当其像素值为 255 即为前景区域时，将图 3.4（b）的 R 分量中对应位置像素的值赋值给矩阵 rgbs 的第一行的第一个元素，对第一列剩下的元素进行遍历，并按照顺序将 R 分量任意感兴趣区域的像素值依次赋值给矩阵 rgbs 的第一行元素。从第二列开始继续由上到下遍历，直到遍历完整二值图时，R 分量中任意感兴趣区域像素的值都存储到 rgbs 的第一行元素中。

将 G 分量和 B 分量按照上述方法分别存储到 rgbs 的第二行和第三行中，即得到存储影像 1 色块提取结果中任意感兴趣区域像素 RGB 值的矩阵。

3.2.2 影像任意感兴趣区域色彩一致性处理

3.2.1 小节中得到代表影像任意感兴趣区域像素 RGB 值的矩阵 rgbs 后，即可选择合适的参考影像，并对矩阵 rgbs 进行平移、旋转和缩放等操作，具体处理过程如下。

将参考影像行列数分别记为 a 和 b，创建一个 3 行 m 列的矩阵 rgbt，矩阵中元素初始值为 0，m 为参考影像中像素的总个数，矩阵的 3 行元素分别存储参考影像的 R、G、B 三个分量的像素值。将参考影像转化为矩阵的具体规则如下：首先提取参考影像的 R 分量，将 R 分量中第 1 列共 a 个像素的值从上到下赋值给矩阵 rgbt 第一行元素，接着将第 2 列像素的值同样从上到下赋值给矩阵 rgbt 第一行元素，直至 b 列像素的值都赋值给矩阵 rgbt 第一行为止；将参考影像的 G 分量和 B 分量的像素值按照上述规则分别赋值给矩阵 rgbt 的第二行和第三行，即得到代表参考影像像素 RGB 值的矩阵。

矩阵 rgbs 中存储了影像中任意感兴趣区域像素的 RGB 值，对矩阵 rgbs 进行平移、旋转和缩放，改变感兴趣区域像素的 RGB 三维空间分布，以适应 RGB 颜色空间中参考影像像素的数据点簇，把待处理的影像中任意感兴趣区域称为原始影像，根据 3.1.3 小节方法计算结果矩阵 I。

接着利用结果矩阵 I 中的元素给影像任意感兴趣区域的像素重新赋值，得到结果影像，矩阵 I 的三行元素分别对应影像任意感兴趣区域的 R、G、B 三个分量的像素值，具体赋值规则如下。

如图 3.4 所示，同样是根据二值图（a）中的前景区域确定（b）中任意感兴趣区域的位置，并对其重新赋值。以 R 分量为例进行说明，首先提取图（b）中的 R 分量，从图（a）第一列开始遍历，当遍历到像素值为 255 时，将矩阵 I 中第一行的第一个元素值赋值给图（b）中的 R 分量对应位置的像素，然后接着遍历，并按照顺序将矩阵 I 的第一行元素依次给 R 分量中任意感兴趣区域的像素重新赋值。从第二列开始继续由上到下遍历，直到遍历完整的二值图时，R 分量中任意感兴趣区域像素都被重新赋值；

对 G 分量和 B 分量进行上述相同操作，最后合并 R、G、B 三个分量即得到最终的结果影像。

对影像 1 和影像 2 进行上述过程的色彩一致性处理后，结果如图 3.5 和图 3.6 所示，可以看出经过色彩一致性处理后，将每个色块的 RGB 三维数据点簇匹配为参考影像 RGB 三维数据点簇的形状，从而使各个色块与参考影像有着一致的色调。

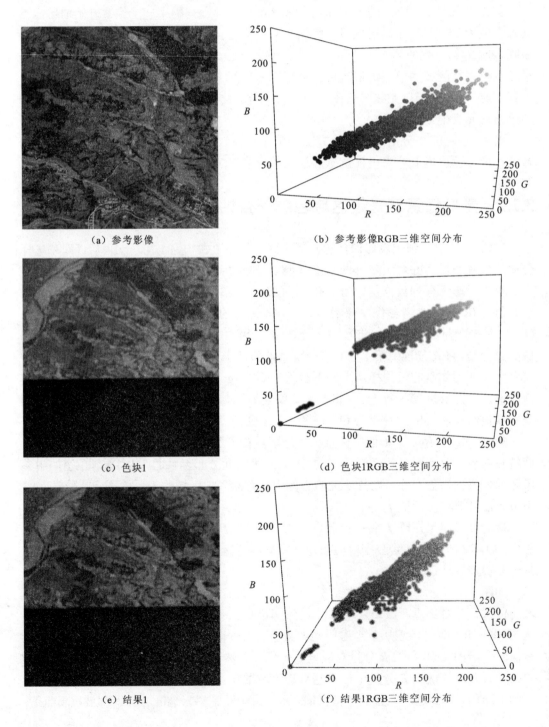

（a）参考影像　　　　　　　　　　　　（b）参考影像RGB三维空间分布

（c）色块1　　　　　　　　　　　　　　（d）色块1RGB三维空间分布

（e）结果1　　　　　　　　　　　　　　（f）结果1RGB三维空间分布

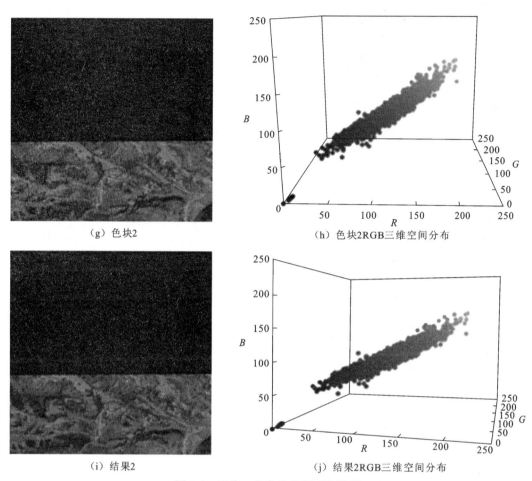

（g）色块2

（h）色块2RGB三维空间分布

（i）结果2

（j）结果2RGB三维空间分布

图 3.5　影像 1 各色块色彩平衡结果

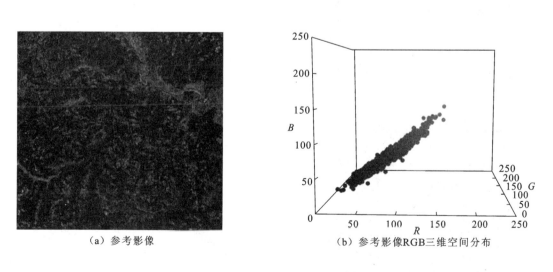

（a）参考影像

（b）参考影像RGB三维空间分布

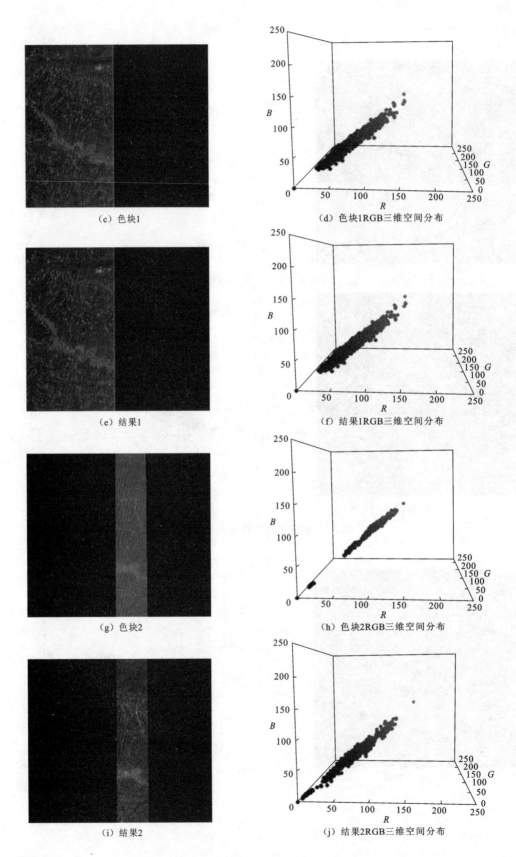

（c）色块1

（d）色块1RGB三维空间分布

（e）结果1

（f）结果1RGB三维空间分布

（g）色块2

（h）色块2RGB三维空间分布

（i）结果2

（j）结果2RGB三维空间分布

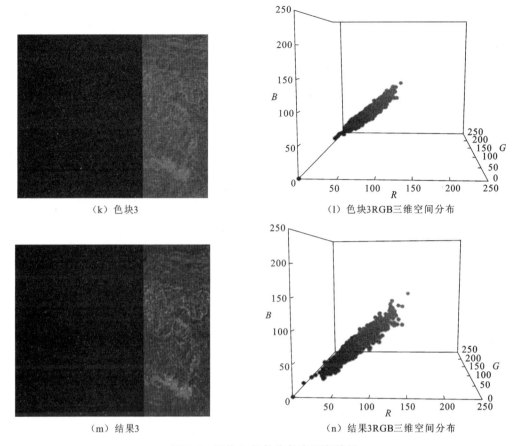

（k）色块3　　　　　　　　　　　　（l）色块3RGB三维空间分布

（m）结果3　　　　　　　　　　　　（n）结果3RGB三维空间分布

图3.6　影像2各色块色彩平衡结果

3.3　本 章 小 结

本章主要介绍了多源拼接影像中色块的色彩平衡方法。针对第2章提取出的各个色块，首先分析了色块间存在亮度和颜色差异问题的原因，并给出后续研究的重点。然后介绍了影像色彩平衡方法，包括Wallis匀色算法、直方图匹配算法和颜色转移算法，讨论三种色彩一致性处理算法的优缺点，确定以颜色转移算法为处理方法，并以其为基础提出一种基于参考影像的影像任意感兴趣区域的色彩一致性处理算法作为各色块间颜色平衡的算法。最后，通过色彩平衡处理，各色块间色彩达到一致。

第 4 章

遥感影像匀色中的接边处理

第 3 章对各个色块提取结果进行色彩一致性处理后，合并各个色块得到的结果影像如图 4.1 所示，在影像 1 和影像 2 的色块接边处分别选择三个局部区域，如图 4.2 所示。从图 4.2 局部区域放大图中可以很明显地看出色块接边处依然存在局部的色差区域和分界线现象，这是因为提取色块时会存在一定误差，使颜色平衡前部分色块提取结果中仍存在局部色差区域，因此进行影像任意感兴趣区域色彩一致性处理后并不能完全消除局部区域存在的色差现象。

（a）影像1颜色转移结果　　　　　　　　　　　（b）影像2颜色转移结果

图 4.1　影像颜色转移后色块合并结果

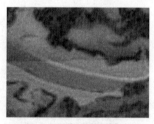 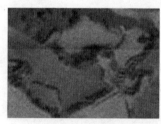 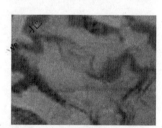

（a）影像1局部区域1　　　　　（b）影像1局部区域2　　　　　（c）影像1局部区域3

  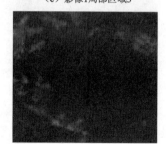

（d）影像2局部区域1　　　　　（e）影像2局部区域2　　　　　（f）影像2局部区域3

图 4.2　影像局部区域

综上所述，需要对局部色差区域进行色彩一致性处理，因此本章相关内容包括以下两个部分。

（1）处理局部色差区域时再次进行全局处理会使整个过程变得复杂，而且处理效果也不能达到预期，因此本章首先根据提取色块时的分界线位置确定该局部色差区域的大概范围，然后仅对该区域进行处理。

（2）确定局部色差区域的范围后，对该区域进行色彩一致性处理，消除局部色差和拼接线现象，使整幅结果影像亮度和色彩分布均匀。

4.1　影像色块接边处待匀色区域的确定

原始影像中包含多个色块，其色块的边界处有两种情况，一种是比较明显的规则直线或斜线边界，另一种是不同的色块接边处表现为较模糊的区域，这是因为在生产镶嵌影像时会对拼接线附近区域进行羽化操作，从而产生较为柔和的过渡效果。第一步提取色块时会存在一定误差，使各个色块进行全局颜色转移后仍存在局部色差区域，因此需要对接边处局部区域进行精确定位和处理。

将接边处需要处理的区域称为待匀色区域，本节根据提取色块时得到的二值图确定待匀色区域的位置，当色块为上下分布时，以影像 1 为例，其具体处理过程如下。

（1）根据第一步提取色块时得到相应色块分布的二值图确定前景区域和背景区域的分界线位置，如图 4.3（a）中红线位置。

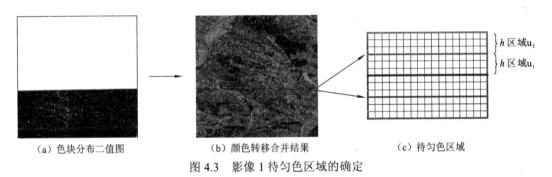

（a）色块分布二值图　　　　　（b）颜色转移合并结果　　　　　（c）待匀色区域

图 4.3　影像 1 待匀色区域的确定

（2）在色块合并结果图［图 4.3（b）］中，沿着分界线往上取高度为 h 像素的区域，记作区域 u_1；紧邻着区域 u_1，继续向同一个方向取高度为 h 像素的区域，记作区域 u_2，如图 4.3（c）所示；计算这两个区域的均值之差，作为反映分界线上方局部区域颜色差异的评价指标；沿着分界线往下进行同样的计算，并比较两个均值之差，若分界线上方两个区域的均值之差大于分界线下方计算出的均值之差，则说明在分界线上方存在局部颜色差异。

（3）设置步长 Δw，逐步增加计算区域的高度至 w，重复步骤（2），计算出每个高度对应的均值之差，并找到均值之差最大时对应的区域位置，包括待匀色区域的高度和其相对于分界线的位置。由于一些拼接线处理为羽化后存在渐变过渡效果，确定待匀色区域的高度时会有些许误差，本章将待匀色区域继续扩充 n 个像素的高度，n 的取值默认为 4。例如，上述影像 1 中局部色差区域位于分界线上方 8 个像素高度时均值差最大，继续向上扩充 4 个像素，即影像 1 中局部待匀色区域为沿着分界线上方的高度为 12 个像素的区域。

4.2　影像色块接边处待匀色区域的色彩一致性处理

4.2.1　Wallis 匀色处理

4.1 节中已经确定了色块合并结果中待匀色区域的位置，接下来对该区域进行色彩一致性处理。对于局部区域，像素的样本点较少，不适合使用全局的颜色转移或直方图匹配等算法，而 Wallis 匀色算法能够将局部区域的均值和标准差这两个统计特征与影像中色彩正常的区域进行匹配，因此利用 Wallis 匀色算法更有利于局部区域的色彩一致性处理。

本小节选择 Wallis 匀色方法处理存在颜色差异的区域，如图 4.4 所示，实线框区域为 4.1 节中确定的待匀色区域，其中最下方的边界线为色块间的分界线。首先处理的是待匀色区域中离分界线最远的一行即最上方一行区域 n_1，据空间相关性定律，图像中地物之间的相关性与距离有关，一般来说，地物间距离越近，其相关性越大，因此选择紧邻着待匀色区域外的上一行区域即区域 m_1 作为基准区域对其进行匀色处理，这一行区域匀色后的结果将作为下一行待处理区域的基准区域，由上到下逐行处理，直至处理完待匀色区域的最后一行区域。

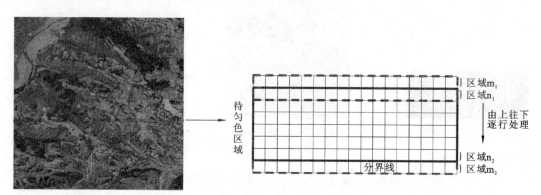

图 4.4　影像 1 待匀色区域处理示意图

Wallis 匀色算法的线性数学模型在第 3 章已经介绍，本小节取 $b=c=1$，此时式（3.1）变为

$$f(x,y)=(g(x,y)-m_{\mathrm{g}})\frac{s_{\mathrm{f}}}{s_{\mathrm{g}}}+m_{\mathrm{f}} \tag{4.1}$$

式中：m_{g} 和 m_{f} 分别为待处理区域和参考区域的像素均值；s_{g} 和 s_{f} 分别为待处理区域和参考区域的标准偏差。

4.2.2　均值滤波处理

为了使局部区域过渡得更加自然，需要对匀色后的区域边界处做滤波处理，相较

于其他滤波方法，均值滤波算法较为简单和高效，其主要原理是用当前像素点周围
3×3 像素的均值来代替当前像素值。如图 4.4 所示，对处理后的待匀色区域中区域 n_1、
区域 n_2 和待匀色区域外的区域 m_1、区域 m_2 共 4 行区域进行均值滤波处理，遍历 4 行
区域的每　个像素点，对其进行均值滤波，消除匀色后存在的拼接缝现象，保证局部
区域的色彩一致性。均值滤波处理后的结果影像如图 4.5 和图 4.6 所示，使用本章的
方法对影像色块接边处待匀色区域进行匀色处理，有效地消除了局部色差和拼接线，
实现了影像整体的色彩一致性。

（a）影像1局部处理结果

（b）影像2局部处理结果

图 4.5　影像 1 和影像 2 局部处理结果

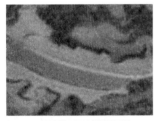
（a）影像1处理结果区域1

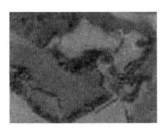
（b）影像1处理结果区域2

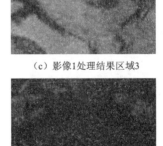
（c）影像1处理结果区域3

（d）影像2处理结果区域1

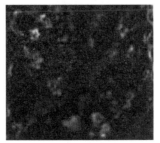
（e）影像2处理结果区域2

（f）影像2处理结果区域3

图 4.6　影像 1 和影像 2 局部区域图

4.3 本章小结

　　第 3 章对各个色块进行颜色平衡处理后，各色块间色彩基本达到一致，但是色块接边处的局部区域依然存在色差，该局部区域即为待匀色区域。本章针对多源拼接影像中色块接边处待匀色区域进行了处理，主要分为两部分内容，首先是对待匀色区域进行了精确定位，接着提取出一种自适应参考区域的 Wallis 匀色算法，对待匀色区域进行了逐行处理，并对待匀色区域的边界进行均值滤波处理后得到了色彩分布均匀的结果影像，最后通过两幅影像处理结果证明了本章方法的有效性，即通过本章方法有效地消除了色块拼接处存在色差的区域和分界线。

第 5 章

基于色块提取的遥感影像
色彩处理与分析

5.1 实验数据集和方法

5.1.1 实验数据

为了对比各个方法针对多源拼接影像的处理效果，从谷歌卫星影像中收集并制作了多源拼接影像数据集，并从中选择若干幅包含不同地物类型的影像进行实验。本章数据集中包括 100 幅大小不同的多源拼接影像，涉及不同国家的区域，包括澳大利亚堪培拉地区、美国华盛顿地区、埃及开罗地区、阿根廷布宜诺斯艾利斯地区、中国武汉地区和法国巴黎地区的影像，多源拼接影像数据集如图 5.1 所示。

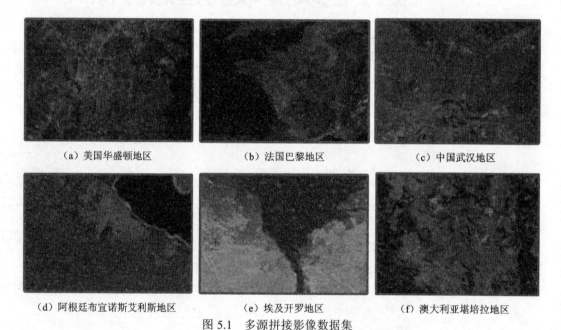

| (a) 美国华盛顿地区 | (b) 法国巴黎地区 | (c) 中国武汉地区 |

| (d) 阿根廷布宜诺斯艾利斯地区 | (e) 埃及开罗地区 | (f) 澳大利亚堪培拉地区 |

图 5.1　多源拼接影像数据集

在具体实验中，从数据集中选取了 6 幅包含不同地物类型的多源拼接影像进行色彩一致性处理，影像信息如表 5.1 所示，在澳大利亚堪培拉地区选取平原区域影像，其大小为 690×620；在美国华盛顿地区选取林地区域影像，其大小为 560×530；在埃及开罗地区选取裸地区域影像，其大小为 550×540；在阿根廷布宜诺斯艾利斯地区选取耕地区域影像，其大小为 490×400；在中国武汉地区选取城市区域影像，其大小为 460×510；在法国巴黎地区选取郊区区域影像，其大小为 830×840。

表 5.1　实验影像信息

影像	影像区域	影像地物类型	影像大小
影像 1	澳大利亚堪培拉	平原	690×620
影像 2	美国华盛顿	林地	560×530
影像 3	埃及开罗	裸地	550×540
影像 4	阿根廷布宜诺斯艾利斯	耕地	490×400
影像 5	中国武汉	城市	460×510
影像 6	法国巴黎	郊区	830×840

5.1.2　实验方法设计

关于具体对比实验的设计，选择 3 种软件处理方法和 4 种较为经典的影像匀色算法与本章方法进行比较。其中软件处理方法选择武汉大学研发的影像匀光 GeoDodging 软件方法、ArcGIS 软件中的颜色平衡模块的匀光（dodging）方法和 Photoshop 软件中的颜色匹配模块方法，这些软件处理方法对影像的色彩一致性处理有较好的处理效果；另外 4 种较为经典的影像匀色算法包括全局 Wallis 匀色算法、全局颜色转移算法、直方图匹配算法和逐像素 Wallis 匀色算法[42]。针对具体实验中选取的 6 幅包含不同地物类型的影像，首先计算影像提取的各个色块结果的准确率，然后从影像整体和局部地物两方面评价多源拼接影像处理结果的色彩一致性，最后讨论影像处理后整体质量的变化情况。

5.2　实验结果评价

5.2.1　多源影像色块提取准确率评价

从数据集中选取 6 幅具有不同地物的影像，分别为澳大利亚堪培拉平原、美国华盛顿林地、埃及开罗裸地、阿根廷布宜诺斯艾利斯耕地、中国武汉城市和法国巴黎郊区，并将各幅影像的色块提取结果表示为二值图，如图 5.2 所示。制作反映色块分布的二值图标签后，对代表色块提取结果的二值图进行评价指标的计算，6 幅影像各个色块的评价指标计算结果如表 5.2 所示，从表中可以看出本章方法提取色块的准确率最低为 98%，说明本章提取色块的方法准确度较高，能够较为精确地提取各个色块，且精确率和召回率指标都超过 97%，综合评价指标得分超过 98%，上述数据表明本章方法提取色块的结果较为接近真实色块分布。

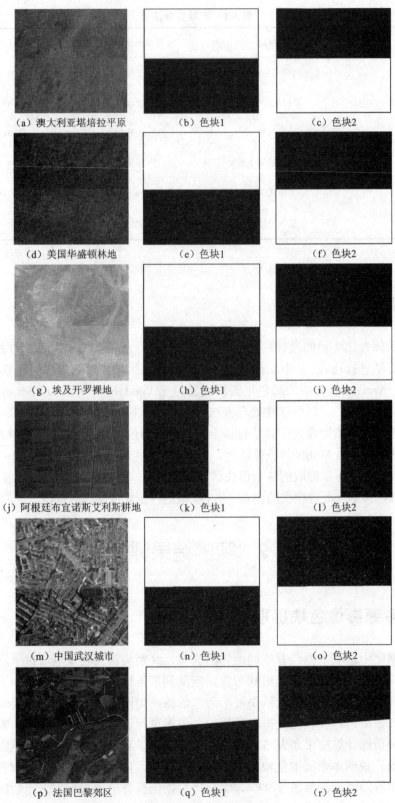

（a）澳大利亚堪培拉平原　　　　（b）色块1　　　　　　　（c）色块2

（d）美国华盛顿林地　　　　　　（e）色块1　　　　　　　（f）色块2

（g）埃及开罗裸地　　　　　　　（h）色块1　　　　　　　（i）色块2

（j）阿根廷布宜诺斯艾利斯耕地　　　（k）色块1　　　　　　　（l）色块2

（m）中国武汉城市　　　　　　　（n）色块1　　　　　　　（o）色块2

（p）法国巴黎郊区　　　　　　　（q）色块1　　　　　　　（r）色块2

图 5.2　多源拼接影像及色块提取结果

表 5.2　各色块提取准确度评价表

影像	色块	accuracy	precision	recall	F_Measure
图 5.2（a）	1	0.991	0.981	1	0.990
	2	0.991	1	0.983	0.991
图 5.2（d）	1	0.991	0.983	1	0.991
	2	0.991	1	0.982	0.991
图 5.2（g）	1	0.997	0.994	1	0.997
	2	0.997	1	0.993	0.996
图 5.2（j）	1	0.989	0.981	1	0.990
	2	0.989	1	0.978	0.989
图 5.2（m）	1	0.999	1	0.998	0.999
	2	0.999	0.997	1	0.998
图 5.2（p）	1	0.998	1	0.997	0.998
	2	0.999	0.992	1	0.999

5.2.2　影像整体色彩一致性评价

选取的 6 幅包括不同类型地物影像的各类算法处理结果如图 5.3～图 5.8 所示，针对不同的影像类型，可以很明显地看出本章方法有效地消除了色块间的颜色差异，并且极大地改善了色块拼接处存在的色差和拼接线问题，使整幅影像色彩过渡得较为自然，具有良好的目视效果。

首先，针对各类算法处理结果中色块间的颜色差异，除本章算法和逐像素 Wallis 匀色算法外，其余算法只是在一定程度上减小了色块间的颜色差异，色块整体之间仍然存在色彩不一致的现象。但是逐像素 Wallis 匀色算法结果图像的分辨率明显降低，图像质量下降。对于澳大利亚堪培拉平原影像和埃及开罗裸地影像，Photoshop 软件处理结果和全局颜色转移算法处理结果中上下色块间色彩差异得到明显减弱，但是澳大利亚堪培拉平原影像中各个树林区域在处理后色彩发生了变化；在美国华盛顿林地影像的处理结果中，除本章方法外，其余算法对色块间色彩差异的处理效果较差；阿根廷布宜诺斯艾利斯耕地影像处理结果中颜色转移算法改变了左右两个色块的整体色彩，色块间色差现象较为明显；对于中国武汉城市影像上下色块间色差的处理，GeoDodging 软件取得了不错的效果，但是上下色块中建筑和道路的色彩不一致。

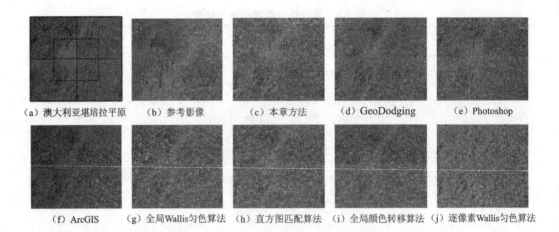

（a）澳大利亚堪培拉平原　　（b）参考影像　　　（c）本章方法　　　（d）GeoDodging　　　（e）Photoshop

（f）ArcGIS　　（g）全局Wallis匀色算法　（h）直方图匹配算法　（i）全局颜色转移算法　（j）逐像素Wallis匀色算法

图 5.3　澳大利亚堪培拉平原影像及实验结果对比图

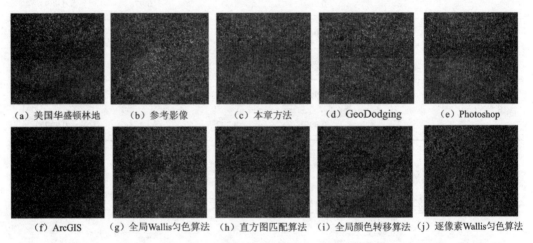

（a）美国华盛顿林地　　（b）参考影像　　　（c）本章方法　　　（d）GeoDodging　　　（e）Photoshop

（f）ArcGIS　　（g）全局Wallis匀色算法　（h）直方图匹配算法　（i）全局颜色转移算法　（j）逐像素Wallis匀色算法

图 5.4　美国华盛顿林地影像及实验结果对比图

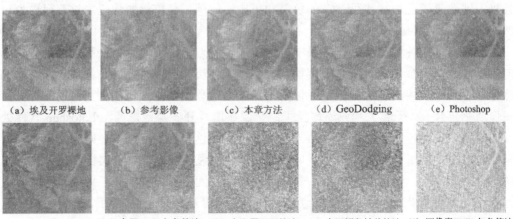

（a）埃及开罗裸地　　（b）参考影像　　　（c）本章方法　　　（d）GeoDodging　　　（e）Photoshop

（f）ArcGIS　　（g）全局Wallis匀色算法　（h）直方图匹配算法　（i）全局颜色转移算法　（j）逐像素Wallis匀色算法

图 5.5　埃及开罗裸地影像及实验结果对比图

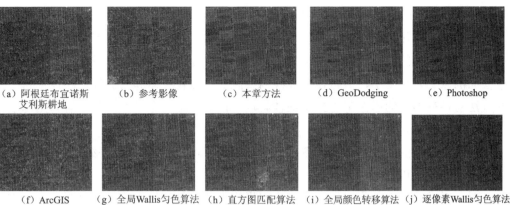

（a）阿根廷布宜诺斯　（b）参考影像　　（c）本章方法　　（d）GeoDodging　（e）Photoshop
　　艾利斯耕地

（f）ArcGIS　（g）全局Wallis匀色算法　（h）直方图匹配算法　（i）全局颜色转移算法　（j）逐像素Wallis匀色算法

图 5.6　阿根廷布宜诺斯艾利斯耕地影像及实验结果对比图

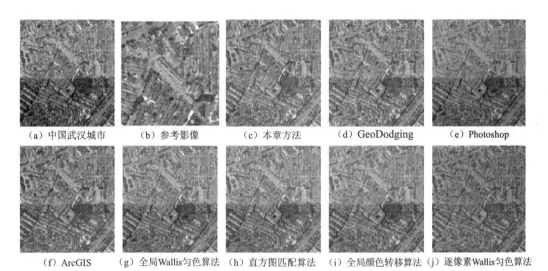

（a）中国武汉城市　（b）参考影像　　（c）本章方法　　（d）GeoDodging　（e）Photoshop

（f）ArcGIS　（g）全局Wallis匀色算法　（h）直方图匹配算法　（i）全局颜色转移算法　（j）逐像素Wallis匀色算法

图 5.7　中国武汉城市影像及实验结果对比图

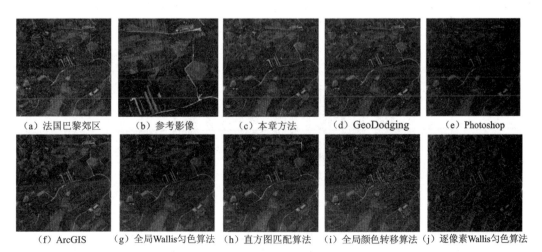

（a）法国巴黎郊区　（b）参考影像　　（c）本章方法　　（d）GeoDodging　（e）Photoshop

（f）ArcGIS　（g）全局Wallis匀色算法　（h）直方图匹配算法　（i）全局颜色转移算法　（j）逐像素Wallis匀色算法

图 5.8　法国巴黎郊区影像及实验结果对比图

其次，在多色块拼接影像中除了色块间颜色的差异，各类算法处理结果的另一个差别主要在于色块接边处存在的色差和分界线问题，在原始影像中可以很明显地看出影像色块间存在的分界线，经过影像的色彩一致性处理后，其余算法处理结果影像中色块间的色彩差异变小，但是在分界线周围区域仍存在色差和分界线，相比而言，本章方法对各种地形的影像都得到了最佳处理结果，色彩分布较为均匀，有效消除了色块间的颜色差异和分界线。

　　对各类算法的处理结果进行主观评价后，从影像整体和局部地物两个方面对各类算法的处理结果进行定量评价。

　　对于影像整体的色彩一致性评价，如果影像整体具有较为均匀的色彩分布，则影像各个部分的平均值和标准差应该相似。因此，可以通过计算影像中各个部分的平均值和标准差的变化程度来评估结果影像的色彩一致性。首先用图 5.3（a）中的正方形将影像分为 5 个大小相同的区域，具体分块方法为：先将影像均分为 2×2 共 4 个大小相同的影像块，并在影像中心位置取相同大小的影像块，统计这 5 个部分的平均值和标准差，并制作柱状图，如图 5.9～图 5.14 所示，若影像整体的色彩和亮度分布较为均匀，则 5 个部分的平均值和标准差应该相似或变化较小。可以看出，对于美国华盛顿林地类型的影像和中国武汉城市类型的影像，GeoDodging 软件和 ArcGIS 软件中的颜色平衡模块处理的结果相较于 Wallis 匀色算法、直方图匹配算法和全局颜色转移算法，能更好地消除影像色块间不均匀的色彩分布；澳大利亚堪培拉平原影像中其余算法的处理结果在上下色块两个部分的色彩分布差异变化较大；对于埃及开罗裸地影像和阿根廷布宜诺斯艾利斯耕地影像，其余算法的处理结果没有消除色块间的颜色差异，且 GeoDodging 软件、Photoshop 软件、ArcGIS 软件中的颜色平衡模块和逐像素 Wallis 算法这 4 种处理算法使得区域间对比度降低。相比来说，本章方法的结果显示出良好的处理效果，影像中各区域间色彩分布较为均匀。

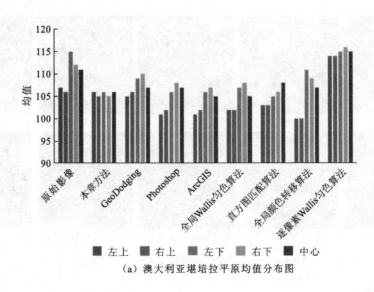

（a）澳大利亚堪培拉平原均值分布图

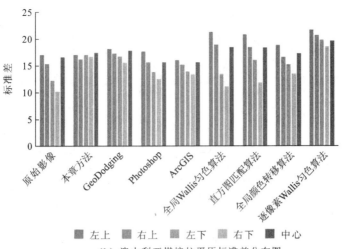

（b）澳大利亚堪培拉平原标准差分布图

图 5.9　澳大利亚堪培拉平原影像均值和标准差分布图

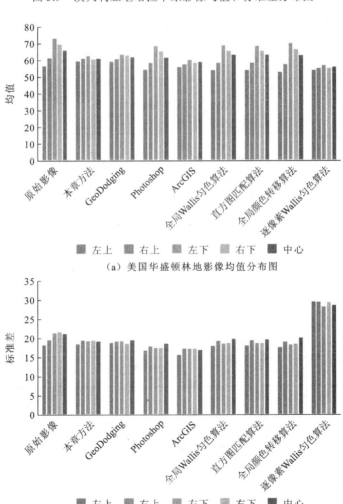

（a）美国华盛顿林地影像均值分布图

（b）美国华盛顿林地影像标准差分布图

图 5.10　美国华盛顿林地影像均值和标准差分布图

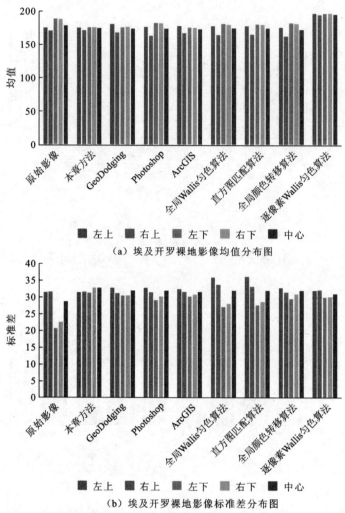

（a）埃及开罗裸地影像均值分布图

（b）埃及开罗裸地影像标准差分布图

图 5.11 埃及开罗裸地影像均值和标准差分布图

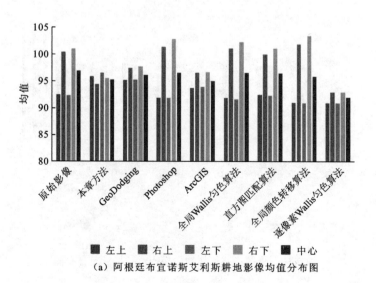

（a）阿根廷布宜诺斯艾利斯耕地影像均值分布图

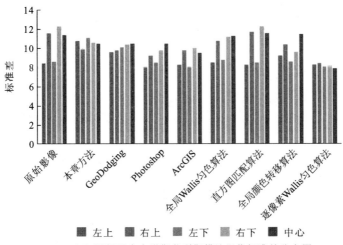

图 5.12　阿根廷布宜诺斯艾利斯耕地影像均值和标准差分布图

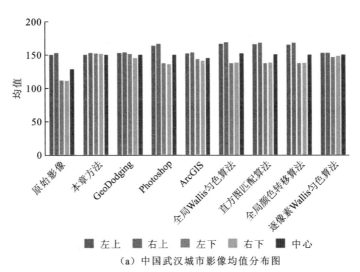

（a）中国武汉城市影像均值分布图

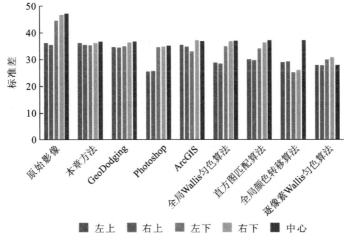

（b）中国武汉城市影像标准差分布图

图 5.13　中国武汉城市影像均值和标准差分布图

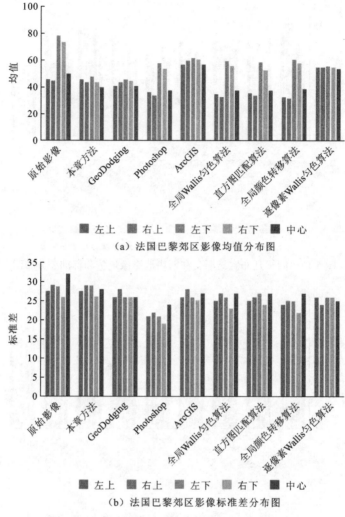

（a）法国巴黎郊区影像均值分布图

（b）法国巴黎郊区影像标准差分布图

图 5.14　法国巴黎郊区影像均值和标准差分布图

5.2.3　影像局部地物色彩一致性评价

上述实验各算法处理结果影像区域间的平均值和标准差的变化较小时，说明影像整体色彩分布较为均匀，区域间色彩变化较为平缓，反映出影像整体的色彩一致性。对于局部地物来说，同一幅影像中相同的地物类型应具有相近的特征，根据这个特点本小节选取各个色块中的相同地物进行定量评价，从而进一步说明影像处理后的局部地物的色彩一致性。具体来说本小节选取梯度幅值相似偏差（gradient magnitude similarity deviation，GMSD）、颜色偏差 c_{st} 和扭曲程度 D_{st} 共三个评价指标，对不同算法的处理结果进行评价，GMSD 的具体定义如下[104]：

$$\text{GMS}(i) = \frac{2m_s(i)m_t(i) + c}{m_s^2(i) + m_t^2(i) + c} \tag{5.1}$$

$$GMSM = \frac{1}{N} \sum_{i=1}^{N} GMS(i) \qquad (5.2)$$

$$GMSD = \sqrt{\frac{1}{N} \sum_{i=1}^{N} (GMS - GMSM)^2} \qquad (5.3)$$

式中：GMS(i)为位置在 i 处的梯度幅值相似性；c 为常数，作用是防止分母为 0，通常设置为 0.026；N 为每个色块中选择的样本区域的像素总数；GMSM 为样本区域梯度相似性均值；m_s 和 m_t 为梯度幅值，具体计算方法如下：

$$m_s(i) = \sqrt{(r \otimes \boldsymbol{h}_x)^2(i) + (r \otimes \boldsymbol{h}_y)^2(i)} \qquad (5.4)$$

$$m_t(i) = \sqrt{(d \otimes \boldsymbol{h}_x)^2(i) + (d \otimes \boldsymbol{h}_y)^2(i)} \qquad (5.5)$$

式中：$\otimes$ 表示卷积运算；$\boldsymbol{h}_x$ 和 $\boldsymbol{h}_y$ 分别为 Prewitt 算子在 x 和 y 方向上的梯度矩阵；r 和 d 分别为两个色块中选择样本区域中第 i 个像素的值。GMSD 的值越小，表明两个色块中选择的样本区域间结构越相似，局部质量退化越小，地物特征越接近。

颜色偏差 c_{st} 定义如下：

$$c_{st} = \frac{|\Delta R + \Delta G + \Delta B|}{3} \qquad (5.6)$$

式中：ΔR、ΔG 和 ΔB 为两个色块中选择的样本区域的各通道均值之差。颜色偏差 c_{st} 越小，说明区域间地物均值差异越小，具有相近的特征。

扭曲程度 D_{st} 计算方法如下：

$$D_{st} = \frac{1}{MN} \sum_{i=1}^{m} \sum_{j=1}^{n} |F(i,j) - R(i,j)| \qquad (5.7)$$

式中：M 和 N 分别为选取样本区域的行列数；$F(i,j)$ 和 $R(i,j)$ 为不同色块中选取样本区域的 (i,j) 位置处的像素值。扭曲程度 D_{st} 反映不同色块间相同地物特征的差异大小，D_{st} 值越小，说明地物差异越小，信息保真度越高。

在原始影像中，选择视觉效果较好的一个色块作为参考区域，并在其余色块中选择一个色块作为需要比较的结果区域。具体做法为在参考区域选择三个包含不同地物的小区域，并在各类算法处理结果影像的结果区域中选择三个大小相同且对应地物种类相近的小区域，然后计算每组区域的上述三类评价指标。

在澳大利亚堪培拉平原影像中，首先选取分界线上方色块作为参考区域，并将各类算法处理结果影像中分界线下方色块作为结果区域；在参考区域和结果区域中选择三个地物相近且大小相同的区域，如图 5.15 所示，其中区域 1 和区域 3 都是色块分界线周围的裸地，区域 2 为道路。计算各组区域的三类评价指标，结果如表 5.3 所示。相较而言，每个区域的计算结果中本章方法的梯度幅值相似偏差（GMSD）、颜色偏差（c_{st}）和扭曲程度（D_{st}）这三类评价指标都是最小的，表明多色块拼接影像经过本章方法处理后不同色块间相同的地物具有相似的特征，本章方法对平原类型的多色块拼接影像具有最佳的处理效果。GeoDodging 软件处理结果中每个区域的三类指标都小于原始影像计算出的指标，说明影像经该方法处理后结果区域的地物特征比原始影像更接近参考区域。逐像素 Wallis 匀色算法的颜色偏差指标和扭曲程度指标虽然优于原始影像，但是其梯度幅值相似偏差大于原始影像，说明虽然色彩差异得到改善，但是其质量退化较大。其他的各类算法处理后的颜色偏差（c_{st}）和扭曲程度（D_{st}）这两类评价指标也优于原始影像，说明经各类算法处理后色块间地物差异得到改善。

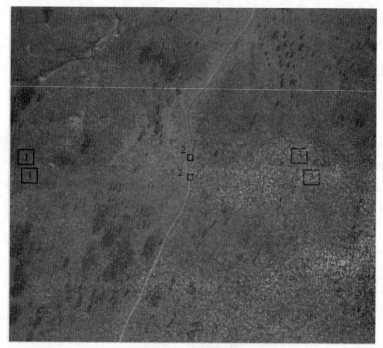

图 5.15 澳大利亚堪培拉平原影像区域选取

表 5.3 澳大利亚堪培拉平原各类指标

项目	梯度幅值相似偏差（GMSD）			颜色偏差（c_{st}）			扭曲程度（D_{st}）		
	区域 1	区域 2	区域 3	区域 1	区域 2	区域 3	区域 1	区域 2	区域 3
原始影像	0.234	0.034	0.228	9.761	9.321	10.150	17.550	17.900	19.531
本章方法	0.221	0.023	0.217	1.460	0.930	1.021	8.501	9.505	12.815
GeoDodging	0.228	0.027	0.227	3.611	2.040	5.135	11.879	11.756	15.160
Photoshop	0.239	0.047	0.233	5.232	2.745	5.800	10.122	10.521	14.325
ArcGIS	0.234	0.052	0.240	1.947	4.225	2.205	10.475	10.645	13.644
全局 Wallis 匀色算法	0.238	0.040	0.231	3.722	3.050	4.263	10.934	10.721	13.872
直方图匹配算法	0.236	0.051	0.241	3.543	4.223	6.634	10.876	12.625	13.934
颜色转移算法	0.234	0.030	0.230	6.355	5.441	4.265	10.850	11.160	15.365
逐像素 Wallis 算法	0.242	0.042	0.240	8.074	4.012	10.373	15.123	14.231	15.651

对于美国华盛顿林地影像的处理，选取分界线上方视觉效果较好的色块作为参考区域，并将各类算法处理结果影像中分界线下方色块作为结果区域；在两个区域中选择三个地物相近且大小相同的区域，如图5.16所示，其中区域1和区域2为色块分界线周围的绿地，区域3为具有少量树木的区域。计算对应区域的二类评价指标，结果如表5.4所示。与澳大利亚堪培拉平原影像的处理结果相似，对于颜色偏差 c_{st} 和扭曲程度 D_{st} 这两类评价指标，各类算法能够使结果区域中的地物和参考区域具有更相近的像素值，但是经过一些算法处理后结果区域的梯度幅值相似偏差（GMSD）大于原始影像，说明这三个区域经算法处理后，虽然减小了色块间的颜色差异，但也出现了局部质量的退化。相较而言，本章方法对美国华盛顿林地类型的多色块拼接影像依然具有最佳的处理效果。

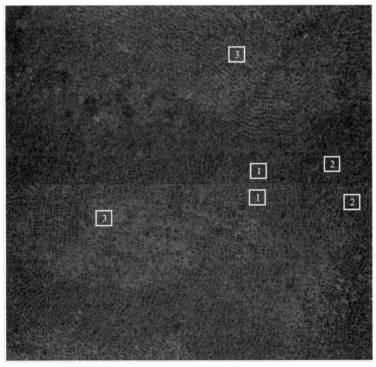

图5.16　美国华盛顿林地影像区域选取

表5.4　美国华盛顿林地各类指标

项目	梯度幅值相似偏差（GMSD）			颜色偏差（c_{st}）			扭曲程度（D_{st}）		
	区域1	区域2	区域3	区域1	区域2	区域3	区域1	区域2	区域3
原始影像	0.203	0.275	0.207	9.911	16.012	18.353	20.454	21.741	20.031
本章方法	0.191	0.177	0.188	0.052	6.341	2.571	15.010	12.821	9.766
GeoDodging	0.199	0.279	0.204	5.336	10.892	11.299	17.450	16.994	13.879

项目	梯度幅值相似偏差（GMSD）			颜色偏差（c_{st}）			扭曲程度（D_{st}）		
	区域1	区域2	区域3	区域1	区域2	区域3	区域1	区域2	区域3
Photoshop	0.215	0.269	0.214	6.038	10.716	11.639	16.209	16.182	13.763
ArcGIS	0.208	0.271	0.217	1.590	7.267	8.836	15.492	14.448	12.381
全局 Wallis 匀色算法	0.211	0.267	0.212	6.112	11.341	13.102	17.027	17.144	14.934
直方图匹配算法	0.211	0.265	0.211	5.845	11.308	13.360	16.852	17.131	15.197
颜色转移算法	0.206	0.272	0.205	7.082	12.567	14.340	17.065	17.892	15.836
逐像素 Wallis 算法	0.222	0.282	0.217	0.419	5.732	2.892	23.440	17.634	10.476

　　针对埃及开罗裸地影像的处理，选取分界线上方视觉效果较好的色块作为参考区域，并将各类算法处理结果影像中分界线下方色块作为结果区域；在两个区域中选择三个地物相近且大小相同的区域，如图 5.17 所示，其中区域 1 为道路，区域 2 和区域 3 为色块分界线周围的裸地。计算三类评价指标的结果如表 5.5 所示。与澳大利亚堪培拉平原影像和美国华盛顿林地影像的处理结果相似，各类算法使得结果区域中的地物和参考区域具有更相近的像素值，但是其余算法针对埃及开罗裸地影像的处理结果中出现了局部区域质量退化。总体来说，本章方法对埃及开罗裸地类型的多色块拼接影像具有最佳的处理效果。

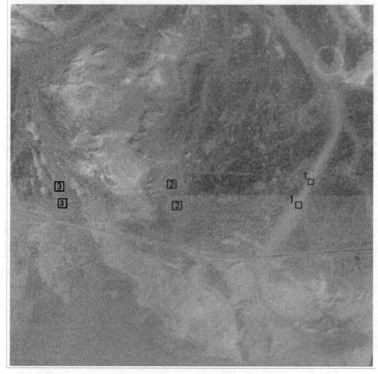

图 5.17　埃及开罗裸地影像区域选取

表 5.5　埃及开罗裸地各类指标

项目	梯度幅值相似偏差（GMSD）			颜色偏差（c_{st}）			扭曲程度（D_{st}）		
	区域 1	区域 2	区域 3	区域 1	区域 2	区域 3	区域 1	区域 2	区域 3
原始影像	0.303	0.232	0.385	4.453	11.092	15.937	9.603	11.643	12.264
本章方法	0.260	0.146	0.345	2.060	0.287	0.697	2.714	6.327	6.058
GeoDodging	0.304	0.290	0.382	3.613	10.509	15.917	3.629	10.749	15.917
Photoshop	0.320	0.214	0.395	2.360	7.391	6.738	3.451	7.817	6.738
ArcGIS	0.307	0.246	0.389	2.320	10.787	15.264	4.363	11.192	16.264
全局 Wallis 匀色算法	0.301	0.234	0.402	4.226	8.055	8.239	4.366	8.459	8.249
直方图匹配算法	0.317	0.182	0.399	4.066	8.610	9.172	4.525	8.844	9.173
颜色转移算法	0.314	0.230	0.405	3.880	6.907	6.055	3.038	7.425	6.658
逐像素 Wallis 算法	0.266	0.208	0.363	12.386	16.160	17.195	13.386	13.592	17.195

在阿根廷布宜诺斯艾利斯耕地影像的处理结果中，选取分界线右侧视觉效果较好的色块作为参考区域，并将各类算法处理结果影像中分界线左侧色块作为结果区域；在两个区域中选择三个地物相近且大小相同的区域，如图 5.18 所示，其中区域 1 和区域 2 为不同类型的耕地，区域 3 为色块分界线两侧的道路。计算三类评价指标的结果

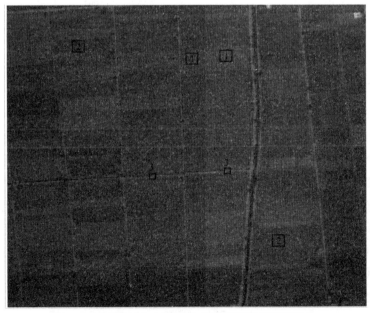

图 5.18　阿根廷布宜诺斯艾利斯耕地影像区域选取

如表 5.6 所示。对于区域 1 类型的耕地，其余算法在梯度幅值相似偏差（GMSD）和颜色偏差 c_{st} 两个指标上都大于原始影像，即对于区域 1 中的耕地，算法处理效果不佳，区域均值差值变大而且出现局部区域的结构失真；对区域 2 来说，各类算法能够使区域间具有相似的均值，但是只有本章方法没有出现局部区域图像质量退化的情况；而区域 3 类型的耕地经过算法处理后具有与参考区域相似的结构和均值。相较而言，本章方法在三个区域中计算出的各类指标均为最小，说明本章方法同样适用于阿根廷布宜诺斯艾利斯耕地类型的多色块拼接影像。

表 5.6　阿根廷布宜诺斯艾利斯耕地各类指标

项目	梯度幅值相似偏差（GMSD）			颜色偏差（c_{st}）			扭曲程度（D_{st}）		
	区域 1	区域 2	区域 3	区域 1	区域 2	区域 3	区域 1	区域 2	区域 3
原始影像	0.273	0.304	0.200	19.523	18.597	11.110	16.523	28.597	21.643
本章方法	0.270	0.290	0.111	16.503	5.001	0.729	3.880	16.597	20.849
GeoDodging	0.274	0.323	0.175	22.953	5.331	4.833	6.565	22.024	23.802
Photoshop	0.277	0.304	0.235	24.092	6.617	1.958	6.479	27.592	23.250
ArcGIS	0.276	0.330	0.192	21.684	6.181	3.145	8.118	21.019	22.335
全局 Wallis 匀色算法	0.275	0.328	0.205	25.209	7.520	1.272	6.484	27.165	25.575
直方图匹配算法	0.296	0.303	0.188	23.208	5.878	1.002	5.731	25.198	29.224
颜色转移算法	0.279	0.299	0.155	25.411	7.779	1.854	9.573	28.931	25.021
逐像素 Wallis 算法	0.278	0.303	0.225	17.368	5.341	6.708	11.696	16.853	21.367

在中国武汉城市影像的处理结果中，选取分界线上方视觉效果较好的色块作为参考区域，并将各类算法处理结果影像中分界线下方色块作为结果区域；在两个区域中分别选择三个地物相近且大小相同的区域，如图 5.19 所示，其中区域 1 为道路旁边的绿地，区域 2 为道路，区域 3 为屋顶，计算三类评价指标的结果如表 5.7 所示。可以看出各类算法的三类指标都小于原始影像，表明城市影像经过算法处理后，结果影像中各类地物和参考区域中相似地物之间的差异减小，不仅区域的均值接近，信息保真度较高，而且处理结果影像的局部区域质量没有下降。相较而言，本章方法依然适用于处理中国武汉城市影像，且能获得最好的处理效果。

图 5.19　中国武汉城市影像区域选取

表 5.7　中国武汉城市各类指标

项目	梯度幅值相似偏差（GMSD）			颜色偏差（c_{st}）			扭曲程度（D_{st}）		
	区域 1	区域 2	区域 3	区域 1	区域 2	区域 3	区域 1	区域 2	区域 3
原始影像	0.247	0.298	0.234	29.898	17.277	35.166	31.151	17.449	35.167
本章方法	0.206	0.278	0.218	7.778	1.712	3.296	10.571	6.216	9.338
GeoDodging	0.220	0.292	0.243	17.877	9.175	5.787	20.155	6.899	10.527
Photoshop	0.225	0.297	0.221	8.030	2.556	4.805	14.893	10.701	13.460
ArcGIS	0.223	0.295	0.226	10.271	4.112	15.213	15.386	7.699	16.441
全局 Wallis 匀色算法	0.217	0.291	0.229	7.998	2.416	8.842	13.245	6.576	11.748
直方图匹配算法	0.219	0.289	0.219	8.111	2.703	9.222	11.570	7.067	11.843
颜色转移算法	0.222	0.288	0.219	8.814	2.101	8.296	13.236	6.645	11.269
逐像素 Wallis 算法	0.209	0.279	0.256	8.648	4.638	4.175	29.494	9.400	13.433

在法国巴黎郊区影像的处理结果中，选取分界线上方视觉效果较好的色块作为参考区域，并将各类算法处理结果影像中分界线下方色块作为结果区域；在两个区域中分别选择三个地物相近且大小相同的区域，如图 5.20 所示，其中区域 1 为道路，区域 2 为绿地，区域 3 为耕地，计算三类评价指标的结果如表 5.8 所示。可以看出，除逐像素 Wallis 算法外，其余算法的颜色偏差（c_{st}）和扭曲程度（D_{st}）这两类指标的数值都小于原始影像，说明法国巴黎郊区影像经过色彩一致性算法处理后，结果影像中各类地物和参考区域中相似地物之间的差异减小，包括三个区域的均值差异变小，但是 GeoDodging 软件处理的结果影像和直方图匹配算法处理结果影像的局部区域质量下降。相较而言，本章方法的结果影像中三类指标均为最优，表示本章方法对法国巴黎郊区类型的影像也能获得较好的处理效果。

图 5.20　法国巴黎郊区影像区域选取

表 5.8　法国巴黎郊区各类指标

项目	梯度幅值相似偏差（GMSD）			颜色偏差（c_{st}）			扭曲程度（D_{st}）		
	区域 1	区域 2	区域 3	区域 1	区域 2	区域 3	区域 1	区域 2	区域 3
原始影像	0.254	0.229	0.307	29.690	29.728	26.242	32.068	30.595	27.585
本章方法	0.226	0.211	0.252	3.270	0.455	2.530	16.713	13.510	6.577

项目	梯度幅值相似偏差（GMSD）			颜色偏差（c_{st}）			扭曲程度（D_{st}）		
	区域1	区域2	区域3	区域1	区域2	区域3	区域1	区域2	区域3
GeoDodging	0.241	0.217	0.302	7.400	17.243	13.350	25.401	19.770	15.155
Photoshop	0.227	0.233	0.268	27.880	14.591	3.636	27.949	17.025	8.436
ArcGIS	0.238	0.218	0.304	17.053	33.337	2.830	21.321	33.640	14.147
全局 Wallis 匀色算法	0.231	0.226	0.295	3.680	14.076	5.000	21.483	17.375	7.842
直方图匹配算法	0.383	0.236	0.312	23.025	12.159	3.886	28.803	15.795	7.417
颜色转移算法	0.383	0.226	0.295	5.226	16.620	4.486	21.438	18.795	8.114
逐像素 Wallis 算法	0.296	0.245	0.282	44.050	28.921	22.153	44.053	32.920	25.565

　　总体来说，对于不同地形条件的影像，不同的算法处理效果不同，具体表现为不同的算法处理结果在局部图像结构变化、区域均值和区域信息保真度这三个方面有不同的处理效果，比如各类算法对中国武汉城市影像的处理结果在上述三个方面都有着不错的处理效果，但是对于其他地形的影像，除了本章方法，其他各类处理方法都存在或多或少的问题，而本章方法针对不同的地形和不同的地物特征都有最佳的处理效果，各类实验评价指标均优于其余算法。

5.3　影像实验结果整体质量讨论

5.3.1　影像整体质量评价指标

　　影像处理过程中，结果影像的质量变化也是一个十分重要的问题，因此本节将继续根据影像本身的统计特征来比较各类算法处理后影像的整体质量，具体来说，本小节选择信息熵 E、平均梯度 $\overline{G}$、空间频率 SF 和灰度方差乘积 SMD2 这 4 类影像质量评价指标，其中影像信息熵是指影像的平均信息量，其计算公式为

$$E = -\sum_{i=0}^{n} P(i) \log_2 P(i) \tag{5.8}$$

式中：$P(i)$ 为像素灰度值为 i 的数目占总像素数目的比例；n 为该影像最大灰度值。信息熵 E 值越大，表示影像包含的信息越丰富。

　　平均梯度反映影像中微小细节反差变化的速度，计算公式为

$$\overline{G} = \frac{1}{(M-1)(N-1)} \sum_{i=1}^{M-1} \sum_{j=1}^{N-1} \sqrt{\frac{((\Delta_x f(i,j))^2 + (\Delta_y f(i,j))^2)}{2}} \tag{5.9}$$

式中：$\Delta_x f(i,j) = f(i,j) - f(i+1,j)$；$\Delta_y f(i,j) = f(i,j) - f(i,j+1)$；$M$、$N$ 分别为影像

行数和列数；$f(i, j)$ 为第 i 行 j 列像素的灰度值。一般来说，平均梯度越大，影像越清晰。

空间频率反映影像相邻像素间灰度的变化情况，计算公式为

$$SF = \sqrt{RF^2 + CF^2} \tag{5.10}$$

式中：RF 和 CF 分别为行方向上的频率和列方向上的频率，可分别表示为

$$RF = \sqrt{\frac{1}{MN} \sum_{i=1}^{M-1} \sum_{j=1}^{N-1} (f(i, j) - f(i, j+1))^2} \tag{5.11}$$

$$CF = \sqrt{\frac{1}{MN} \sum_{i=1}^{M-1} \sum_{j=1}^{N-1} (f(i, j) - f(i+1, j))^2} \tag{5.12}$$

式中：M 和 N 分别为影像的行数和列数；$f(i, j)$ 为影像中第 i 行 j 列像素的灰度值。空间频率也用于反映影像的清晰度，影像空间频率越大，影像清晰度越高。

灰度方差乘积 SMD2 主要原理在于首先计算该位置像素与相邻位置两个像素的差值并计算差值的乘积，然后将影像中所有像素计算出的灰度差乘积进行累加，计算公式为

$$SMD2 = \sum \sum |I(x, y) - I(x+1, y)| \cdot |I(x, y) - I(x, y+1)| \tag{5.13}$$

式中：$I(x, y)$ 为影像中第 x 行 j 列像素的灰度值。当影像清晰度较低时，相邻位置像素之间的灰度差值较小，致使最终计算出的整幅影像的 SMD2 较小；影像清晰度较高时，计算得到的 SMD2 结果会较大。

5.3.2 影像实验结果整体质量评价

针对澳大利亚堪培拉平原、美国华盛顿林地、埃及开罗裸地、阿根廷布宜诺斯艾利斯耕地、中国武汉城市和法国巴黎郊区这 6 幅包含不同地物类型的影像，本小节统计各类算法处理结果影像的信息熵 E、平均梯度 $\bar{G}$、空间频率 SF 和灰度方差乘积 SMD2 这 4 类影像质量评价指标，结果如表 5.9～表 5.14 所示。

表 5.9 澳大利亚堪培拉平原质量评价指标

指标	波段	原始影像	本章方法	GeoDodging	Photoshop	ArcGIS	全局Wallis匀色算法	直方图匹配算法	全局颜色转移算法	逐像素Wallis匀色算法
信息熵	R	5.76	5.89	5.85	5.53	5.43	5.79	5.72	5.81	5.07
	G	5.66	5.69	5.59	5.57	5.29	5.69	5.53	5.65	4.82
	B	5.89	5.89	5.51	5.37	5.20	5.87	5.41	5.48	4.61
平均梯度	R	10.41	11.70	11.26	10.06	9.34	11.34	11.44	11.08	10.24
	G	10.35	11.84	11.44	9.65	9.24	10.32	10.37	10.04	10.11
	B	10.37	11.78	11.62	8.26	9.27	9.51	9.61	9.99	10.63

指标	波段	原始影像	本章方法	GeoDodging	Photoshop	ArcGIS	全局Wallis匀色算法	直方图匹配算法	全局颜色转移算法	逐像素Wallis匀色算法
空间频率	R	13.35	15.91	15.59	12.92	12.20	14.55	14.68	15.80	11.14
	G	13.28	15.09	14.49	12.39	11.80	13.23	13.41	12.88	11.27
	B	13.29	15.00	14.65	10.60	11.74	9.63	11.32	11.52	13.48
灰度方差乘积	R	160.49	200.73	196.71	151.27	133.73	190.53	193.59	195.75	149.46
	G	159.85	205.37	187.68	139.31	123.90	158.45	163.74	150.18	102.14
	B	159.35	202.96	190.24	101.94	121.42	83.75	116.44	119.92	142.28

表 5.10　美国华盛顿林地质量评价指标

指标	波段	原始影像	本章方法	GeoDodging	Photoshop	ArcGIS	全局Wallis匀色算法	直方图匹配算法	全局颜色转移算法	逐像素Wallis匀色算法
信息熵	R	6.56	6.62	6.30	6.19	6.05	6.30	6.30	6.35	5.07
	G	6.35	6.39	6.23	6.23	6.02	6.26	6.25	6.28	5.38
	B	6.27	6.29	6.23	6.18	6.02	6.27	6.24	6.28	4.74
平均梯度	R	18.34	18.59	18.51	15.77	15.88	15.96	16.03	17.82	16.51
	G	18.34	18.34	18.30	17.30	16.44	17.53	17.53	17.99	14.19
	B	18.35	18.37	18.33	17.10	16.87	18.18	18.35	17.11	15.84
空间频率	R	21.40	21.71	21.68	18.42	18.72	18.63	18.73	20.80	15.98
	G	21.40	21.50	21.47	20.20	19.33	20.45	20.48	20.99	18.28
	B	21.41	21.57	21.55	19.97	19.80	21.53	21.40	19.96	19.28
灰度方差乘积	R	115.16	118.75	117.49	85.52	92.66	87.32	89.12	109.08	93.26
	G	115.34	117.81	117.25	102.91	100.47	105.50	105.79	111.07	94.12
	B	115.00	117.37	116.65	100.61	105.95	116.94	116.57	100.32	87.36

表 5.11　埃及开罗裸地质量评价指标

指标	波段	原始影像	本章方法	GeoDodging	Photoshop	ArcGIS	全局Wallis匀色算法	直方图匹配算法	全局颜色转移算法	逐像素Wallis匀色算法
信息熵	R	5.52	5.72	5.26	5.64	5.12	5.52	5.46	5.65	4.74
	G	5.79	5.79	5.27	5.61	5.22	5.68	5.58	5.71	4.98
	B	5.55	5.64	5.05	5.47	5.23	5.39	5.47	5.50	4.89
平均梯度	R	3.21	3.77	3.57	3.13	2.97	3.52	3.53	3.18	3.06
	G	3.18	3.82	3.45	2.82	3.08	3.01	3.20	2.93	3.33
	B	3.24	3.58	3.13	2.42	3.13	2.21	2.41	2.39	3.34
空间频率	R	4.60	5.30	4.94	4.50	4.42	5.05	5.07	4.57	4.27
	G	4.58	5.39	4.76	4.07	4.56	4.34	4.79	4.22	4.66
	B	4.63	5.20	4.31	3.49	4.58	3.16	3.53	3.43	4.66
灰度方差乘积	R	6.21	7.67	6.94	6.09	5.80	7.54	7.66	6.21	4.88
	G	6.22	7.94	6.68	5.03	5.96	5.65	7.10	5.35	5.87
	B	6.29	7.27	6.74	4.74	5.78	3.06	3.88	3.59	5.87

表 5.12　阿根廷布宜诺斯艾利斯耕地质量评价指标

指标	波段	原始影像	本章方法	GeoDodging	Photoshop	ArcGIS	全局Wallis匀色算法	直方图匹配算法	全局颜色转移算法	逐像素Wallis匀色算法
信息熵	R	5.16	5.24	5.05	4.99	4.69	5.16	4.98	5.14	4.51
	G	5.17	5.24	5.19	5.02	4.81	5.17	5.00	5.19	4.47
	B	5.25	5.46	4.88	5.26	4.89	4.89	4.67	4.99	4.36
平均梯度	R	3.94	4.98	4.44	3.34	3.50	4.39	4.23	4.44	3.50
	G	3.87	4.53	4.26	3.27	3.43	4.19	4.29	3.03	3.37
	B	3.87	4.25	3.83	3.32	3.62	3.57	3.94	3.21	2.68
空间频率	R	6.58	8.32	7.27	5.44	5.85	7.32	8.07	7.51	4.51
	G	6.51	7.59	7.23	5.43	5.75	7.05	7.53	5.01	4.38
	B	6.47	7.20	5.93	5.52	5.99	4.28	6.04	5.37	3.71
灰度方差乘积	R	3.71	5.76	4.35	2.63	2.92	4.65	5.42	5.03	2.05
	G	3.72	4.95	4.43	2.71	2.85	4.43	4.50	2.34	1.95
	B	3.74	4.94	2.97	2.80	3.24	1.74	4.12	2.58	1.32

表 5.13　中国武汉城市质量评价指标

指标	波段	原始影像	本章方法	GeoDodging	Photoshop	ArcGIS	全局Wallis匀色算法	直方图匹配算法	全局颜色转移算法	逐像素Wallis匀色算法
信息熵	R	7.57	7.62	7.19	7.13	7.13	7.12	7.12	7.20	6.64
	G	7.41	7.47	7.07	6.80	7.04	7.01	7.02	7.08	6.49
	B	7.51	7.57	7.09	7.00	7.07	7.01	7.03	7.09	6.50
平均梯度	R	18.51	19.25	16.34	12.81	15.91	14.31	14.37	13.65	15.86
	G	18.26	19.38	16.36	12.21	16.00	14.54	14.58	14.64	15.55
	B	18.65	19.68	16.78	13.10	16.29	13.93	14.12	13.87	16.13
空间频率	R	21.38	24.53	21.60	17.26	21.58	18.96	19.17	17.97	20.78
	G	21.98	24.63	21.99	16.62	22.01	19.60	19.83	19.71	20.42
	B	22.28	25.01	22.46	17.67	22.29	18.68	19.22	18.57	21.17
灰度方差乘积	R	88.64	120.02	92.15	66.93	88.50	71.81	74.88	64.09	89.10
	G	82.00	107.17	82.71	55.19	78.88	67.97	64.10	67.50	81.32
	B	91.19	115.14	91.19	63.13	90.09	64.37	65.53	61.76	90.38

表 5.14　法国巴黎郊区质量评价指标

指标	波段	原始影像	本章方法	GeoDodging	Photoshop	ArcGIS	全局Wallis匀色算法	直方图匹配算法	全局颜色转移算法	逐像素Wallis匀色算法
信息熵	R	6.68	6.95	6.75	6.65	6.81	6.84	6.69	6.81	5.89
	G	6.46	6.81	6.62	6.49	6.60	6.58	6.50	6.66	5.93
	B	6.78	6.98	6.37	6.26	6.49	6.28	6.15	6.37	5.64
平均梯度	R	12.87	12.89	12.85	10.50	12.24	12.54	12.17	12.11	12.55
	G	12.69	13.25	13.20	9.86	12.67	11.44	11.35	11.96	12.94
	B	12.59	12.64	12.42	7.84	12.42	10.57	10.98	10.50	12.12
空间频率	R	17.27	17.79	17.54	13.98	17.69	16.93	16.79	17.70	15.64
	G	17.04	18.03	17.72	13.15	17.35	15.43	15.58	14.73	10.40
	B	16.94	17.69	16.95	10.51	17.41	13.63	14.05	13.49	12.07
灰度方差乘积	R	246.20	254.14	251.51	164.19	246.46	236.30	227.78	237.12	206.57
	G	246.53	283.05	273.10	147.90	247.09	201.88	209.32	184.68	256.04
	B	242.03	255.17	244.31	103.65	242.21	190.28	179.26	110.44	227.11

根据表中数据，本章方法对 6 种不同地形影像的处理结果中，4 类评价指标在各个通道均为最大，说明本章方法的结果影像整体质量最好，即影像中信息量最为丰富且清晰度最高。对于其余的算法，不同地形影像处理结果的整体质量有所不同，例如 GeoDodging 软件在澳大利亚堪培拉平原影像中的处理结果相较于原始影像拥有更高的平均梯度 $\bar{G}$、空间频率 SF 和灰度方差乘积 SMD2，但是该方法对中国武汉城市影像的处理结果不佳，信息熵 E 和平均梯度 $\bar{G}$ 都小于原始影像；另外 Photoshop 软件和 ArcGIS 软件中的颜色平衡模块对原始影像进行处理后，影像的整体质量有所下降，其余方法（如直方图匹配算法）更适合处理阿根廷宜诺斯艾利斯耕地类型的影像，其指标大多数都大于原始影像，但是处理法国巴黎郊区影像时其结果影像的质量出现一定的下降。逐像素 Wallis 匀色算法针对这 6 幅包含不同地物的影像，其图像质量和清晰度都存在一定程度的下降。

总的来说，除了本章方法，其余方法对不同的地物类型有不同的处理效果，本章方法适用性更强，获得影像的质量更好，针对不同类型的影像都能获得较好的处理效果。

5.4　本　章　小　结

本章首先介绍了使用的实验数据集，并从中选择 6 幅包含不同地物类型的多源拼接影像进行对比实验，对比实验的设计包括本章方法、4 种传统算法和 3 种软件处理方法，得到各种方法的处理结果后，从色块提取准确率、影像整体色彩一致性和影像局部地物色彩一致性三个方面选取合适的实验指标进行分析和比较，然后讨论经过各种方法处理后的结果影像整体质量的变化。实验结果表明，本章方法对各种地物类型的多源拼接影像都有较好的处理效果，一方面整体色彩达到一致，另一方面消除了影像色块间的拼接线现象，获得了视觉性能较好的影像。

第 6 章

遥感影像自适应色彩转换理论与算法基础

本章将深入研究图像分割和色彩转换两个方面，涵盖相关领域的数字图像理论和经典处理算法两个部分。

6.1　图像色彩理论

6.1.1　光学频谱

光学频谱是指在电磁辐射中，属于可见光范围的一部分，也就是人眼能够感知的可见光的频谱。可见光是电磁波谱中的部分波段，其波长范围为 380（紫色）～750（红色）nm。光学频谱通常被分为不同的颜色，包括紫色、蓝色、绿色、黄色、橙色和红色。光学频谱分布如图 6.1 所示。

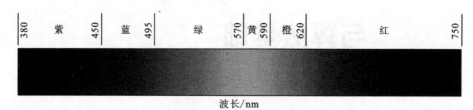

波长/nm

图 6.1　光学频谱分布图

遥感影像光谱特征是指通过遥感技术获取的地球表面或大气层的图像所包含不同波段的光谱信息。地球表面上的不同物体对不同波长的电磁辐射具有独特的反射、吸收和透射特性，从而形成了它们的光谱特征。这些波段通常包括可见光、红外线、热红外线等，总之，使用遥感技术监测的地理特征称为光谱特征[105]。

类间方差反映不同地物类型在光谱上的差异程度，而光谱特征是这种差异的主要表现，二者息息相关。光谱特征是遥感影像中不同地物类型在不同波段上的反射或辐射特性，而类间方差则可量化不同地物类别之间在某个波段上的差异程度，当某个波段上不同地物的光谱特征差异较大时，该波段上的类间方差较大。通过类间方差的阈值分割方法通常是选择合适的阈值，将某个波段上的像元分为若干类，使得分割后的不同类之间的类间方差最大化，得到的阈值通常受到选取图像中的各个波段的亮度值影响。

6.1.2　色彩感知模型

人眼对色彩感知基于三种色觉视锥细胞对光谱不同波长的敏感性，这三种类型的色觉视锥细胞分别对应长波长（L）、中波长（M）、短波长（S）的光响应，它们为红、绿、蓝三通道产生视觉信号，经视觉通路传至大脑皮层，通过这些通道的活动和相互的比较，形成对色彩的感知，这就是人眼色彩感知的理论基础，也称为三通道理论。图 6.2 所示为三种色觉视锥细胞在不同波长光照下的响应曲线。

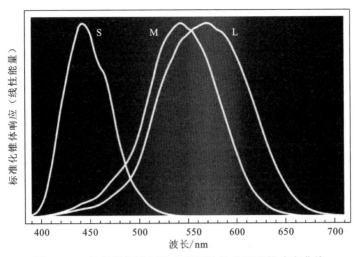

图 6.2　三种色觉视锥细胞在不同波长光照下的响应曲线

其中，不同类型色觉视锥细胞的峰值波长有所不同，L、M 及 S 型色觉视锥细胞依次为 560 nm、530 nm 及 420 nm。由于人类色觉视锥细胞的峰值响应也存在个体间的差异，这些色觉视锥细胞的峰值波长分别落在 564～580 nm、534～545 nm 和 420～440 nm 内。具体原理可以表示为

$$S(\lambda) = e^{-\frac{(\lambda - \lambda_{\max,S})^2}{2\sigma_S^2}} \tag{6.1}$$

$$M(\lambda) = e^{-\frac{(\lambda - \lambda_{\max,M})^2}{2\sigma_M^2}} \tag{6.2}$$

$$L(\lambda) = e^{-\frac{(\lambda - \lambda_{\max,L})^2}{2\sigma_L^2}} \tag{6.3}$$

式中：$S(\lambda)$、$M(\lambda)$ 及 $L(\lambda)$ 分别为三种视锥细胞对波长为 λ 的光的响应；$\lambda_{\max}$ 为视锥细胞的最大灵敏波长；σ 为高斯函数的标准差，决定了响应曲线的宽度。

6.1.3　色彩空间

在数字图像处理中，色彩空间是一个基本概念，每个色彩空间都有一个特定的色彩范围（称为色域），以及一组定义色彩表现方式的坐标轴或维度，常见的色彩空间包括 RGB（红、绿、蓝）、CIELAB（明度、色度、色度）等。

RGB 色彩空间是一种加色模型，是数字图像处理和显示技术的基础，它基于光的三原色红、绿、蓝模型，这三种不同强度的色调组合各种颜色，具体颜色组合如图 6.3 所示。

通常，每种颜色都用一个值来表示，通常为 0～255，分别对应红、绿、蓝光的强度，这些三原色的组合和强度可产生多种可感知的色调。在色彩转换的过程中，RGB 色彩空间的相加性反映了人类视觉系统对光线的反应，有利于直观地进行色彩操作。但是，RGB 色彩空间受限于其使用的三原色色域，它无法表现超出其特定范围的颜色，这就限制了高饱和度颜色或特定色调的准确再现。并且，RGB 与人类的色彩感知不一

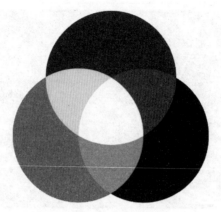

图6.3　三原色相加图

致，这导致 RGB 数值的等量变化并不一定等同于色彩的等量感知变化，在实现感知一致的结果时也不那么直观。

CIELAB 色彩空间由国际照明委员会（Commission Internationale de L'Eclairage，CIE）于 1976 年开发，是一种用三个值表示色彩的色彩空间：L 表示亮度，A 和 B 表示色彩对立维度，其中 A 表示洋红色和绿色之间的位置，B 表示黄色和蓝色之间的位置。CIELAB 色彩空间最显著的优势之一是其感知均匀性，与 RGB 色彩空间不同的是，CIELAB 色彩空间可以量化颜色偏差的程度，这种均匀性确保了整个色彩空间中感知色差的一致性，从而更容易在不同的照明条件下进行色彩匹配。其次 CIELAB 色彩空间的广阔色域和非线性排列为色彩操作和调整提供了广阔的空间，几乎能表现所有可感知的色彩，这可确保在此空间内准确描述大多数颜色。

实现 RGB 到 CIELAB 色彩空间的转换是一个多步骤的过程。首先，进行线性化处理，对 RGB 的值进行调整。接着，将经过线性化的 RGB 值进行转换，映射到 CIEXYZ 色彩空间中。CIEXYZ 是一种更为通用的色彩空间，它可作为一个桥梁，用于不同色彩空间之间的转换。最后，通过进一步的计算和变换，得到最终的 CIELAB 色彩空间的表示。RGB 到 CIELAB 色彩空间的转换具体步骤如下。

（1）线性化 RGB 值。将 RGB 色彩空间中的颜色值通过伽马校正从非线性转换为线性空间的过程。由于人眼感知光线的方式不同，RGB 值通常以非线性方式处理，而人眼对深色调的变化更为敏感，如果不进行线性化处理，图像文件中的比特分配就不能有效地表示眼睛所能分辨的各种强度，这种低效率会导致条带或细节丢失。

首先，需要将 RGB 值由[0,255]标准化到[0,1]，即

$$C' = \frac{\mathrm{Val_{RGB}}}{255} \tag{6.4}$$

接下来，应用 sRGB 的线性化公式。对于大部分情况，可以使用简单的伽马校正模型来进行线性化：

$$C = (C')^{1/\gamma} \tag{6.5}$$

式中：C' 为非线性 RGB 值；C 为线性 RGB 值；γ 为伽马值，通常可取 2.2，但可能根据颜色空间不同而有所变化。

对于标准的 sRGB 空间，涉及一个分段函数：

$$C = \begin{cases} \dfrac{C'}{12.92}, & C' \leqslant 0.040\,45 \\ \left(\dfrac{C'+0.055}{1.055}\right)^{2.4}, & C' > 0.040\,45 \end{cases} \qquad (6.6)$$

式中：0.040 45 和 0.055 为 sRGB 颜色空间中使用的特定数值，用于定义分段线性化函数的阈值和系数。在 sRGB 标准中，当颜色值不高于一定阈值（0.040 45）时，线性化函数的形式较为简单；当颜色值高于此阈值时，采用不同的函数来进行更复杂的线性化计算。

（2）从 RGB 色彩空间转换到 CIEXYZ 色彩空间。具体可表示为

$$\begin{bmatrix} X \\ Y \\ Z \end{bmatrix} = \begin{bmatrix} 0.412\,453 & 0.357\,580 & 0.180\,423 \\ 0.212\,671 & 0.715\,160 & 0.072\,169 \\ 0.019\,334 & 0.119\,193 & 0.950\,227 \end{bmatrix} \begin{bmatrix} R \\ G \\ B \end{bmatrix} \qquad (6.7)$$

（3）从 CIEXYZ 色彩空间转换为 CIELAB 色彩空间。CIEXYZ 色彩空间并不完全符合人类感知色彩差异的方式，而 CIELAB 色彩空间的设计在感知上更加统一，可使颜色值的特定变化与人类感知到的相同程度的颜色变化更为一致。

首先，需要将 CIEXYZ 值相对于某个参考白点，如 D65 白点（D65 是一种常用的标准白点，能够模拟中午日光的颜色温度，在很多颜色相关的标准和应用中，D65 是默认或推荐的白点）进行标准化，标准化的 XYZ 公式为

$$f_X = \frac{X}{X_n}, \quad f_Y = \frac{Y}{Y_n}, \quad f_Z = \frac{Z}{Z_n} \qquad (6.8)$$

式中：X_n、Y_n、Z_n 为参考白点的值；X、Y、Z 为待转换颜色的值。

对于每个标准化的 f_X、f_Y、f_Z，应用以下非线性变换：

$$f = \begin{cases} t^{1/3}, & t \leqslant \delta^3 \\ 7.787t + \dfrac{16}{116}, & t > \delta^3 \end{cases} \qquad (6.9)$$

式中：δ 的取值通常固定为 6/29，它是根据人眼对亮度的感知阈值确定的逆函数的转折点。最后使用上述非线性变换的结果来计算 CIELAB 色彩空间的 L、a、b 值：

$$L = 116 f(f_Y) - 16 \qquad (6.10)$$

$$a = 500[f(f_X) - f(f_Y)] \qquad (6.11)$$

$$b = 200[f(f_Y) - f(f_Z)] \qquad (6.12)$$

6.2　图像处理算法

6.2.1　元启发式优化算法

元启发式（metaheuristic）优化算法是一类高层次、问题独立的启发式算法，设计用于解决复杂的优化问题。这些算法不依赖特定问题的领域知识，而是提供一种通用

的、高效的搜索策略，即在解空间中进行全局搜索来找到问题的接近最优解。一般来说，元启发式优化算法不受特定问题结构或特性的限制，这是由于它只是在抽象级别上操作，而非直接处理问题的目标函数，无须针对每个问题进行特定的调整，从而能够更灵活地适应不同类型的问题，并不受问题具体细节的束缚。

假设有一个优化问题，目标是最大化一个目标函数 $f(\boldsymbol{x})$，其中 $\boldsymbol{x}$ 是决策变量的向量，元启发式优化算法的思想是通过在解空间中进行搜索，找到使目标函数达到最优值的 $\boldsymbol{x}$，具体可以用式（6.13）表示目标函数的搜索过程：

$$\boldsymbol{x}^* = \arg\max_{\boldsymbol{x} \in P_{\text{final}}} \phi(\boldsymbol{x}) \tag{6.13}$$

式中：$\phi(\boldsymbol{x})$ 为适应度函数，用于评估解的质量，以便找到最大化适应度函数的解向量 $\boldsymbol{x}^*$；P_{final} 为未来元启发式优化算法在迭代结束后得到的解集合，包含经过一系列优化操作后的解向量。基于目标函数进行搜索的本质即为在最终解集合 P_{final} 中寻找能使适应度函数 $\phi(\boldsymbol{x})$ 取得最大值的解向量。

但是，元启发式优化算法也存在一些劣势，其中之一是容易陷入局部最优解，这也被认为是其局限性之一。此外，该算法在适应性方面也存在不足之处，难以有效地调整策略以适应问题的变化。与此相反，仿生元启发式优化算法可以模拟自然进化、合作及自适应等机制，通过这些机制可以提高算法的全局搜索能力，并增强对不同类型问题的适应性。近年来，众多学者基于自然界的生物学过程和行为，创新出各种优秀的仿生元启发式算法，例如 Harifi 等[106]基于帝企鹅身体热辐射和螺旋状运动等行为，设计了一种帝企鹅群体（emperor penguins colony，EPC）算法，由于帝企鹅可以通过协调的螺旋式运动形式成群结队以调节热量，受启发于这种社会性和协调的螺旋式运动，EPC 算法能够更有效地搜索解空间。

6.2.2　模糊 C 均值算法

模糊 C 均值（FCM）算法是一种聚类算法，它允许一个数据属于两个或多个聚类。FCM 算法的目标是最小化一个目标函数，该函数衡量数据点与各个聚类中心的距离，同时考虑每个数据点对各个聚类的隶属度。算法的关键在于通过迭代更新聚类中心和数据点的隶属度，直到达到某种收敛条件。

FCM 算法的目标函数如下：

$$J(U,V) = \sum_{i=1}^{N} \sum_{j=1}^{C} u_{ij}^m \| \boldsymbol{x}_i - v_j \|^2 \tag{6.14}$$

式中：N 为数据点的总数；C 为聚类的数量；u_{ij} 用于衡量数据点 i 与数据点 j 之间的聚类关系的隶属度；参数 m 用于控制聚类的模糊程度，一般而言，m 的值大于 1；$\boldsymbol{x}_i$ 为第 i 个数据点的特征向量；v_j 为第 j 个聚类的中心；$\| \boldsymbol{x}_i - v_j \|$ 为第 i 个数据点和第 j 个聚类中心之间的距离。

该目标函数是 FCM 算法的核心，其目的是最小化聚类内的加权平方距离总和，其中权重是数据点对聚类中心隶属度的 m 次幂，目标函数直接影响隶属度 u_{ij} 及聚类中心 v_j 的更新，隶属度更新公式如下：

$$u_{ij} = \frac{1}{\sum_{k=1}^{C} \left(\frac{\|\boldsymbol{x}_i - \boldsymbol{v}_j\|}{\|\boldsymbol{x}_i - \boldsymbol{v}_k\|} \right)^{\frac{2}{m-1}}} \tag{6.15}$$

式（6.15）用于计算每个数据点对每个聚类中心的隶属度，隶属度反映了数据点属于某个聚类中心的程度，它直接受目标函数的影响，同时，隶属度的更新又会影响聚类中心的计算。聚类中心更新公式如下：

$$v_j = \frac{\sum_{i=1}^{N} u_{ij}^m \boldsymbol{x}_i}{\sum_{i=1}^{N} u_{ij}^m} \tag{6.16}$$

聚类中心的位置是根据隶属度加权的数据点位置计算得出的，这意味着每个聚类中心的位置是数据点的加权平均，权重是数据点的隶属度，更新聚类中心是为了进一步最小化目标函数。

整个 FCM 算法是一个迭代过程，通过调整隶属度和重新计算聚类中心，不断优化目标函数的值，直到达到一定的收敛条件，如目标函数的改变非常小或达到预定的迭代次数。通过这种方式，FCM 算法能够发现数据集中的模糊聚类，并适应数据点之间的重叠。

6.2.3　基于统计学原理的色彩转换

基于统计学原理的色彩转换是利用影像在三维颜色空间中的分布特征，通过统计学的数学方式确认影像之间的色彩映射关系，使其颜色分布尽可能接近。例如 Chen 等[107]创新性地提出了一种基于统计学原理的色彩转换方法，通过引入两种颜色相似度测量（高斯隶属函数和直方图相关法），考虑影像之间颜色分布的相似性及每个颜色通道的相关性，最终达到优化颜色传输结果的目的。

基于统计学原理的色彩转换具体过程如下。首先，对原始影像和参考影像中的像素进行颜色特征的提取并以三维向量的形式表示，接着计算影像对应的颜色特征统计信息，如均值和协方差等，这些统计信息可用于描述颜色在三维颜色空间中的分布特征。然后，通过线性变换等方法，调整影像的颜色特征，以最小化颜色分布差异。最后，将调整后的颜色特征重新应用于原始影像，生成新的影像，其颜色分布更接近于参考影像。相关概念性的公式如下：

$$\boldsymbol{X}_t' = \boldsymbol{T}(\boldsymbol{X}_t - \boldsymbol{\mu}_t) + \boldsymbol{\mu}_s \tag{6.17}$$

式中：$\boldsymbol{X}_t'$ 为原始影像的颜色特征经过调整后的新特征向量；$\boldsymbol{X}_t$ 为原始影像的初始特征向量；$\boldsymbol{\mu}_s$ 和 $\boldsymbol{\mu}_t$ 分别为原始影像和参考影像对应的均值向量；$\boldsymbol{X}_t - \boldsymbol{\mu}_t$ 表示将参考影像的颜色特征减去颜色均值 $\boldsymbol{\mu}_t$，以实现零均值化，即将颜色特征的中心平移到原点；

$T(X_t - \mu_t)$ 表示通过变换矩阵 T 对零均值化后的参考影像颜色特征进行线性变换，一般包含例如旋转和缩放等一系列的操作，以调整颜色特征的分布；$T(X_t - \mu_t) + \mu_s$ 表示将线性变换后的颜色特征重新加上原始影像颜色均值 μ_s，通过重新添加原始影像的均值，以确保调整后的颜色特征仍然保持原始影像的整体色调。

6.3　本 章 小 结

　　本章从遥感影像及色彩相关理论出发，详细介绍了光学频谱、色彩感知模型及色彩空间的相关基础概念，此外，对本章方法的基础理论算法，如元启发式优化算法、模糊 C 均值算法及基于统计学原理的色彩转换方法进行了具体说明，为后续的粗分类和色彩转换工作提供了理论依据。

第 7 章

基于残差估计的山地瞪羚阈值优化算法

在图像分割与遥感影像地物特征分类的结合应用中，分割的准确度决定了地物信息分类的完整性，不准确的分割会给后续带来困难，降低色彩转换的处理效果和效率。并且，现有的传统阈值分割方法对光照和噪声等敏感性较弱，对不同特征或光照条件的区域有局限性。本章将重点介绍如何在遥感影像中得到最优阈值以实现地物粗分类，并分为三个部分阐述基于残差估计的山地瞪羚阈值优化算法的具体内容。

7.1 基于残差估计的阈值迭代聚类算法

与 k-means 等硬聚类方法不同，模糊 C 均值（FCM）算法作为一种代表性的软聚类方法，因其模糊性质，通常对噪声和异常值更有鲁棒性，对聚类之间界限不清晰的复杂图像也能揭示出更多的信息。此外，FCM 算法还能适应各种类型的图像数据，通过引入残差估计、空间信息或其他考虑因素，提高分割的准确性，因此，FCM 算法已成功应用于解决模糊性和重叠性等常见的图像处理问题。

将 FCM 算法引入图像分割的过程，能够处理图像中的模糊性和重叠类别，它的灵活性使每个像素都能以不同的成员身份隶属于多个分段，使分割结果更自然细致。其主要思想是为每个像素在每个聚类中分配一定程度的成员资格，这种成员资格是根据像素特征与聚类中心的相似度来确定的。与聚类中心相似度越高的像素在该聚类中的成员度越高。该方法会反复更新聚类中心和成员值以最小化目标函数，其中目标函数表示像素与聚类中心之间的距离，并通过成员度加权。通过这种迭代过程，算法会收敛到一个解决方案，其中每个像素都与不同程度的聚类相关联，从而反映出图像中的自然渐变和模糊性。这种方法的主要优势在于它能产生更细致入微的分割，捕捉到硬聚类方法可能会忽略图像中的微妙变化。

本小节在模糊 C 均值算法的理论基础之上，提出一种基于残差估计的阈值迭代聚类算法（RWT-FCM）。首先，针对初始聚类中心的选取做出改进，将基于 Otsu 方法在多阈值分割领域扩展得到的初步阈值来替换该方法的初始迭代聚类中心，而不进行随机选择。然后，依据图像的噪声情况引入噪声保真项以估计残差值，通过估计残差值大小提高分割的准确率。另外，对于混乱不规则的噪声情况，引入噪声权重系数作为类高斯分布的噪声情况处理。此外，考虑加入空间信息，可以增强单个像素与各自相邻像素之间的内在空间相关性。综上，本节按照基于优化阈值的初始聚类中心调整算法、依据噪声保真项的残差估计聚类算法、结合噪声权重系数的适应性残差算法及引入空间信息的双阶段迭代算法 4 个部分对基于残差估计的阈值迭代聚类算法（RWT-FCM）的内容进行系统介绍。

7.1.1 基于优化阈值的初始聚类中心调整算法

从设计的角度来看，在图像分割的 FCM 算法中使用阈值作为初始聚类中心是一种简化分割过程的战略性设计，这种设计选择基于这样一种理念，即整合简单而有效的初步分割（阈值）为更复杂的方法（FCM 算法）提供信息并增强其效果。这种依据像素强度的分割方法通过结合阈值，可以快速识别作为初步分割标记的关键强度水平，然后将这些标记作为 FCM 的初始输入，提供更有针对性的起点，这减少了 FCM 算法中初始聚类中心选择的随机性，可以实现更快地收敛和更准确地分割。基于以上思想，创新性地融合了阈值处理的简单性和 FCM 算法的复杂性，提供了一个自然的、数据驱动的初始聚类中心用来实现最优阈值的求解。

对于初始聚类中心的变化，算法遵循逐渐收敛以达到最小化函数标准的原则，一般聚类中心随机选择或是先验确定，为迭代细化过程设定了起点。首先在每次迭代 t 中，根据每个数据点和聚类中心进行隶属度的计算，每个聚类中心都会根据新的成员资格值进行更新，更新聚类中心后，通过收敛检查算法测试中心是否稳定，即检查两次连续迭代之间的中心变化是否小于预定义阈值。通过这个迭代过程，初始聚类中心动态调整逐渐靠近最佳位置。本小节基于以上的聚类中心做出改进，将基于 Otsu 方法在多阈值分割领域扩展得到的初步阈值替换初始迭代聚类中心，而不进行随机选择，相关公式如下：

$$A_j = \frac{x_n - r_n^{(t)}}{1 + d_{nj}} \tag{7.1}$$

$$S_{in} = \sum_{j=1}^{K} (u_{ij}^{(t+1)})^m A_j \tag{7.2}$$

$$B_j = \sum_{n \in N_j} \frac{1}{1 + d_{nj}} \tag{7.3}$$

$$N_i = \sum_{j=1}^{K} (u_{ij}^{(t+1)})^m B_j \tag{7.4}$$

$$v_i^{(t+1)} = \begin{cases} \dfrac{\sum_{j=1}^{K} \left((u_{ij}^{(1)})^m \sum_{n \in N_j} A_j \right)}{\sum_{j=1}^{K} ((u_{ij}^{(1)})^m B_j)}, & t = 0 \\ \dfrac{\sum_{n \in N_j} S_{in}}{N_i}, & t > 0 \end{cases} \tag{7.5}$$

其中：S_{in} 为聚类集合 i 中所有数据点到数据点 n 的贡献度的总和，同时考虑隶属度和基于距离的权重；N_i 为标准化每个数据点贡献的总和 n 与聚类集合 i 相关程度；$v_i^{(t+1)}$ 为聚类中心第 $(t+1)$ 次迭代的集合，第一次迭代的初始聚类中心是由初步阈值转化而来；K 为聚类的数量，用于缩放 $v_i^{(t+1)}$ 的整体值；$u_{ij}^{(t+1)}$ 为在 $(t+1)$ 次迭代中数据点 i 在聚类 j 中的成员值即关联程度，由于加入了噪声的讨论，需要对数据点 x_n 与聚类 j 中相邻点 n 的当前噪声估计值 $r_n^{(t)}$ 之间的差值进行评估，以此来考虑图像与估计噪声之间的差异；d_{nj} 为空间信息归一化因子，有助于确保距离原型较近的数据点对 $v_i^{(t+1)}$ 的计算有更大的影响，同时减少离群点或距离较远的数据点的影响；m 为聚类算法中的模糊化指数，它控制着成员值的模糊程度或聚类重叠程度，m 值越大，重叠的聚类就越多，数据点就可以在多个聚类中拥有重要的成员资格，反之，m 值越小，则聚类越明显，并将数据点分配到一个主要聚类中。

7.1.2 依据噪声保真项的残差估计聚类算法

由于观测到的图像中存在未知量的噪声，如果不进行适当的处理，FCM 算法的分割精度会受到很大的影响。具体来说，将无噪声图像（观测图像的理想值）作为待聚类的数据可以获得更好的分割效果，或者说，如果能够准确地估计残差，那么 FCM 算法的分割效果应该会大大提高。为此，本小节在 FCM 算法的目标函数中引入噪声的保真度项。

在 FCM 算法应用于图像分割的场景中，图像未知噪声的存在往往会对算法的性能和分割精度等方面造成巨大影响。首先在聚类精度方面，噪声的存在会引入虚假的像素值，导致距离计算错误，进而错误地将像素分配到聚类中，降低分割的准确性。其次在敏感度方面，噪声在图像中可表现为离群值的形式，噪声像素值往往与周围像素值差异性大，这会导致错误地将聚类中心调整到这些噪声点上。此外，在图像边缘检测方面，噪声会模糊或扭曲这些边缘，导致 FCM 算法产生的聚类分割结果存在过度平滑的边界。因此，将图像去噪并以理想的方式作为带聚类的图像进行分割是方法的关键，例如高斯模糊经常应用于平滑图像，可以有效减少高斯噪声；中值滤波用周围小范围像素的中值替换每个像素的值，对去除"椒盐"噪声特别有效；小波变换将图像分解成不同的频率成分，并通过对小波系数进行阈值处理来降低图像的噪声影响；还有一种非局部均值去噪方法，与传统的高斯滤波器和中值滤波器相比，它能保留更多细节。

由于大多数现有的 FCM 相关算法都侧重于在每次迭代或聚类前后去除噪声，无法准确估计噪声并将其用于改进 FCM 算法。基于上述情况，本小节通过引入噪声保真项的方式，将噪声建模为观察影像与其无噪声对应影像之间的残差，并将残差的保真度项作为目标函数的一部分，从而实现对残差的精确估计，相关公式如下：

$$J(\boldsymbol{U},\boldsymbol{V},\boldsymbol{R}) = \sum_{i=1}^{c}\sum_{j=1}^{K} u_{ij}^{m} \left\| \boldsymbol{x}_j - \boldsymbol{r}_j - \boldsymbol{v}_i \right\|^2 + \beta \cdot \Gamma(\boldsymbol{R}) \tag{7.6}$$

式中：$\boldsymbol{U}$ 为每个像素在每个聚类中的成员度，它决定了聚类过程中的模糊程度；参数 m 是控制模糊程度的模糊器指数，m 值越大，分区越清晰，而 m 值越小，重叠的聚类越多；原型 $\boldsymbol{V}$ 为聚类中心或中心点，它们是每个聚类的代表值，用于计算像素与聚类中心之间的距离，在优化过程中，原型 $\boldsymbol{V}$ 会反复更新；残差矩阵 $\boldsymbol{R}$ 为观察影像中的噪声，表示观察影像与无噪声影像之间的差值；参数 β 为一个权重，用于控制噪声保真项在目标函数中的权重，并平衡噪声抑制和特征保留之间的关系，β 值越大，噪声保真占比越大，对结果的影响越大，相反，β 值越小，噪声保真占比越小，对结果的影响越小；$\Gamma(\boldsymbol{R})$ 用于衡量估计噪声与实际噪声之间的差异的保真项，达到噪声最小化的目的，因此可以对高斯噪声、泊松噪声或者脉冲噪声进行考虑。

当使用高斯噪声进行残差估计时，使用 ℓ_2 范数噪声保真项：

$$\Gamma(\boldsymbol{R}_l)\left\|\boldsymbol{R}_l\right\|_{\ell_2}^2=\sum_{j=1}^{K}\left|r_{jl}\right|^2 \tag{7.7}$$

式中：$\boldsymbol{R}_l$ 为第 l 个分量残差值的向量，用于观测数据与估计值之间的差值；$\left\|\boldsymbol{R}_l\right\|_{\ell_2}^2$ 为 $\boldsymbol{R}_l$ 的平方 ℓ_2 正态，ℓ_2 正态项为向量大小的度量，由向量元素绝对值平方和的平方根计算而来；$\left|r_{jl}\right|^2$ 为 $\boldsymbol{R}_l$ 中第 j 个元素的绝对值平方和；K 为向量 $\boldsymbol{R}_l$ 的维度。高斯噪声是一种普遍存在的噪声类型，其在整个影像中的分布是均匀和独立的，遵循正态分布。由于高斯噪声的统计均值、标准差等相对稳定，使用标准的统计方法可以较为准确地估计噪声水平。但是，高斯噪声较为均匀，需要针对特定情况进行调整和估计，此外，由于高斯噪声在整个影像上分布相对均匀，可能使从图像信号中分离出噪声变得更加困难，所以可以考虑脉冲噪声引入估计过程。脉冲噪声通常表现为局部的极端值，比高斯噪声图像信号更容易被识别和分离。其次，脉冲噪声的去除通常可以通过相对简单的非线性滤波器（如中值滤波）来实现，这种方法对影像的其他部分影响较小。此外，脉冲噪声虽然在局部区域内显著，但通常不会像高斯噪声那样影响到整个影像的视觉感受，而且脉冲噪声通常更加明显和一致，具有一定的普适性。

当使用脉冲噪声进行残差估计时，使用 ℓ_1 范数噪声保真项，公式如下：

$$\Gamma(\boldsymbol{R}_l)\left\|\boldsymbol{R}_l\right\|_{\ell_1}=\sum_{j=1}^{K}\left|r_{jl}\right| \tag{7.8}$$

式中：$\left\|\boldsymbol{R}_l\right\|_{\ell_1}^2$ 为混合或未知残差估计的加权 ℓ_1 正态保真度项。不同于 ℓ_2 范数平滑的特性，ℓ_1 范数倾向于产生稀疏解，适用于一些稀疏表示或特征选择的问题，并且 ℓ_2 通过计算元素的平方对向量中较大的元素给予更高的权重，而 ℓ_1 范数是只计算元素的绝对值之和对所有元素都给予相等的权重。因此，ℓ_2 范数会导致平滑的结果，而 ℓ_1 范数则可以保留更多的影像细节和边缘。但是，脉冲噪声也存在一些问题：首先脉冲噪声通常在影像中随机分布，难以通过传统的滤波方法进行有效处理，在去噪难度方面，一些特殊的处理方法可能在去除噪声的同时也移除了影像的一些重要细节，并且脉冲噪声在影像中通常是不均匀分布的，使残差的估计变得更加复杂，因此，可以考虑泊松噪声。

当使用泊松噪声进行残差估计时，使用 Csiszár-I 散度噪声保真项，公式如下：

$$\Gamma(\boldsymbol{R}_l)=\sum_{j=1}^{K}\left((x_{jl}-r_{jl})-x_{jl}\log_2(x_{jl}-r_{jl})\right) \tag{7.9}$$

式中：x_{jl} 为观察影像中的第 j 个像素值；r_{jl} 为估计噪声中的第 j 个像素值。相较于脉冲噪声，泊松噪声与影像内容的相关性更容易通过统计方法进行处理和估计，并且泊松噪声的处理不需要特殊复杂的方法，可以通过更传统的噪声抑制技术进行处理，对影像细节的保留效果更好。

综上所述，本小节根据影像的噪声情况估计影像残差值，最大程度消除噪声的影响以改善分割结果，并考虑使用三种不同的噪声情况来进行估计。虽然对于单一噪声类型如高斯噪声、泊松噪声和脉冲噪声，可以通过各自的保真度项得到有效解决，从而有助于推导出与此类噪声估计相关的解决方案。但是在实际应用中，影像只受单一噪声类型影响的假设经常失效，相反，影像通常会受多种噪声类型或性质不确定的噪声的综合影响。由于从数学上描述这种复合噪声形式的分布本身就很复杂，为单一噪声模型量身定制的传统保真项在涉及混合或未知噪声类型的情况下失去了适用性，使用这些传统模型无法进行有效的噪声估计。

7.1.3 结合噪声权重系数的适应性残差算法

由 7.1.2 小节可知，将 ℓ_2 范数作为噪声保真项进行残差的估计方法遇到最大的问题在于，影像噪声并不是一种单一均匀的分布，而往往是混乱与不规则的情况。依据这种情况，如果想要继续使用 ℓ_2 范数进行残差的估计，那么可以通过调整将混合噪声的分布不规则性趋近于高斯分布的均匀性。相关公式如下：

$$\Gamma(\boldsymbol{R}_l) = \left\| \boldsymbol{W}_l \circ \boldsymbol{R}_l \right\|_{\ell_2}^2 = \sum_{j=1}^K \left| w_{jl} r_{jl} \right|^2 \tag{7.10}$$

$$w_{jl} = \mathrm{e}^{-\xi r_{jl}^2} \tag{7.11}$$

式中：$\circ$ 表示逐元素相乘；$\Gamma(\boldsymbol{R}_l)$ 为以加权 ℓ_2 准则保真度项，它通过考虑权重矩阵 $\boldsymbol{W}_l$ 和残差向量 $\boldsymbol{R}_l$ 的元素的结合来进行残差的估计；$\boldsymbol{W}_l$ 为一个权重矩阵，其元素为 w_{jl}，分配给矩阵中的每个位置 (j,l)，权重 w_{jl} 与残差 r_{jl} 成反比；$\boldsymbol{R}_l$ 为第 l 种噪声的残差向量，用于观测数据与估计值之间的差值；r_{jl} 为残差向量 $\boldsymbol{R}_l$ 的一个元素，代表第 j 个像素在第 l 种噪声中的残差；w_{jl} 可以由式（7.11）进行表示；ξ 为控制权重系数 w_{jl} 递减率的正参数。由于 $\boldsymbol{R}_l$ 表示的是残差估计值，可以对残差估计值添加一个权重系数 $\boldsymbol{W}_l$，从而得到一个加权残差 $w_{jl} r_{jl}$，使它近似于高斯噪声以达到均匀分布，以适应不规则分布的噪声情况。

因此，可以得到结合加权 ℓ_2 范数噪声保真项的 FCM 算法表达式：

$$J(\boldsymbol{U},\boldsymbol{V},\boldsymbol{R},\boldsymbol{W}) = \sum_{i=1}^c \sum_{j=1}^K u_{ij}^m \left\| \boldsymbol{x}_j - \boldsymbol{r}_j - \boldsymbol{v}_i \right\|^2 + \sum_{l=1}^L \beta_l \sum_{j=1}^K \left| w_{jl} r_{jl} \right|^2 \tag{7.12}$$

7.1.4 引入空间信息的双阶段迭代算法

在 FCM 算法聚类分割的应用中，单个像素与各自相邻像素之间的内在空间相关性起着关键作用，这种作用的本质思想是将距离很近、彼此间距离最小的像素认为是同一个聚类的成员。在这种情况下，将空间信息整合到聚类过程中就成了一个至关重要的因素，通过在 FCM 算法目标函数中加入空间参数，可以很好地实现这种整合，具体公式如下：

$$J(\boldsymbol{U},\boldsymbol{V},\boldsymbol{R},\boldsymbol{W}) = \sum_{i=1}^c \sum_{j=1}^K u_{ij}^m \sum_{n \in N_j} \frac{\left\| \boldsymbol{x}_n - \boldsymbol{r}_n - \boldsymbol{v}_i \right\|^2}{1 + d_{nj}} + \sum_{l=1}^L \beta_l \sum_{j=1}^K \sum_{n \in N_j} \frac{\left| w_{nl} r_{nl} \right|^2}{1 + d_{nj}} \tag{7.13}$$

式中：n 为相邻数据点的索引；N_j 为相邻数据点的集合；d_{nj} 为数据点 n 与原型 j 之间的空间距离度量。通过引入空间信息的考虑，根据像素的空间连续性和上下文相关性进行分割，可获得更准确、更有凝聚力的聚类结果。

根据以上的目标函数，这涉及 4 个变量 U、V、R、W 的优化，值得注意的是，这些变量之间相互依存的关系在一定程度上简化了优化过程。为了有效地解决这一多变量优化难题，本小节提出一种双阶段迭代算法，以便有效地最小化目标函数，公式如下：

$$(U^{(t+1)}, V^{(t+1)}, R^{(t+1)}) = \arg\min_{U,V,R} \mathcal{L}_A(U, V, R; W^{(t)}) \tag{7.14}$$

由式（7.14）可知，第一个阶段的目标是在输入噪声权重矩阵 $W^{(t)}$ 的情况下，应用拉格朗日乘子 $\mathcal{L}_A$ 来找到最小化子 $U^{(t+1)}, V^{(t+1)}, R^{(t+1)}$，因此，本小节方法将问题分为三个部分，迭代解的表达式如下：

$$u_{ij}^{(t+1)} = \frac{\left(\sum_{n \in N_j} \frac{\left\| x_n - r_n^{(t)} - v_i^{(t)} \right\|^2}{1 + d_{nj}} \right)^{-\frac{1}{m-1}}}{\sum_{q=1}^{c} \left(\sum_{n \in N_j} \frac{\left\| x_n - r_n^{(t)} - v_q^{(t)} \right\|^2}{1 + d_{nj}} \right)^{-\frac{1}{m-1}}} \tag{7.15}$$

$$v_i^{(t+1)} = \frac{\sum_{j=1}^{K} \left((u_{ij}^{(t+1)})^m \sum_{n \in N_j} \frac{x_n - r_n^{(t)}}{1 + d_{nj}} \right)}{\sum_{j=1}^{K} \left((u_{ij}^{(t+1)})^m \sum_{n \in N_j} \frac{1}{1 + d_{nj}} \right)} \tag{7.16}$$

$$r_{jl}^{(t+1)} = \frac{\sum_{i=1}^{c} \sum_{n \in N_j} \frac{(u_{in}^{(t+1)})^m (x_{jl} - v_{il}^{(t+1)})}{1 + d_{nj}}}{\sum_{i=1}^{c} \sum_{n \in N_j} \frac{(u_{in}^{(t+1)})^m}{1 + d_{nj}} + \sum_{n \in N_j} \frac{2\beta_l (w_{jl}^{(t)})^2}{1 + d_{nj}}} \tag{7.17}$$

式（7.15）中：$u_{ij}^{(t+1)}$ 为数据点在迭代 $(t+1)$ 次时在聚类 j 的成员值，它表示数据点与聚类之间的关联程度；x_n 为第 n 个数据点的特征向量；$r_n^{(t)}$ 为第 n 个数据点在迭代 t 时的原型向量；$v_i^{(t)}$ 为迭代 t 次时第 i 个聚类中心点；m 为模糊系数或模糊器，用于控制聚类的模糊程度，m 值越大，聚类越模糊；c 为聚类的总数。式（7.15）的目的是根据数据点、原型向量和聚类中心之间的距离计算成员值 $u_{ij}^{(t+1)}$。

式（7.16）中的参数与式（7.15）基本相同，主要作用是根据数据点和聚类之间的成员值和相似度对聚类中心 $v_i^{(t+1)}$ 进行更新，其中 $v_i^{(t+1)}$ 表示数据点 i 与迭代 $(t+1)$ 次时的聚类 j 的关联度。

式（7.17）中：$x_{jl} - v_{il}^{(t+1)}$ 为计算特征值 x_{jl} 与相应原型值 $v_{il}^{(t+1)}$ 之间差值，并用成员值 $u_{in}^{(t+1)}$ 和空间信息 $1 + d_{nj}$ 加权；成员值 $u_{in}^{(t+1)}$ 为第 n 个数据点与第 i 个聚类之间的关联度；权重系数 $1 + d_{nj}$ 为第 n 个数据点与第 j 个聚类之间距离的影响；β_l 为第 l 个特征的

权重系数；$w_{jl}^{(t)}$ 为迭代 t 次时第 j 个群集与第 l 个特征相关的权重。

第二个阶段通过一个权重矩阵的更新来判断迭代是否结束，公式如下：

$$\left\| U^{(t+1)} - U^{(t)} \right\| < \varepsilon \tag{7.18}$$

式中：$U^{(t+1)}$ 和 $U^{(t)}$ 分别为时间步骤 $t+1$ 和 t 时的分区矩阵，分区矩阵为每个群组的每个数据点分配成员值；ε 为决定收敛标准的阈值，如果 $U^{(t+1)}$ 和 $U^{(t)}$ 之间的差值低于 ε，算法就会停止迭代。第二阶段的目的是检查连续时间步长下分区矩阵之间的差值，如果该差值小于 ε，则表明算法已达到稳定解，无须继续迭代。本小节提出的 RWT-FCM 方法的具体效果如图 7.1（c）所示。

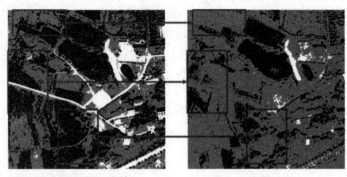

（a）待分类图像　　　　　　　（b）Multi-Otsu方法　　　　　　　（c）RWT-FCM

图 7.1　RWT-FCM 方法效果比较

由图 7.1 可知，相较于 Multi-Otsu 分割方法，由初步阈值作为初始聚类中心的 RWT-FCM 方法可以更好地区分水体与阴影之间的地物光谱特征，但是也存在将一部分建筑区域误分为绿地的情况。

表 7.1 为基于残差估计的阈值迭代聚类算法（RWT-FCM）的伪代码流程表。

表 7.1　基于残差估计的阈值迭代聚类算法的伪代码流程表

算法：基于残差估计的阈值迭代聚类算法
输入：模糊指数 m、聚类数量 c、初步阈值 v_s 及迭代终止值 ε
输出：优化阈值 v_e
1. **Initialization**：将 $W^{(0)}$ 初始化为 1 的矩阵，以优化阈值 v_s 生成初始聚类中心 $V^{(0)}$
2. **while** $(\left\| U^{(t+1)} - U^{(t)} \right\| \geqslant \varepsilon)$ **do**
3. 最小化分区矩阵 $u_{ij}^{(t+1)}$
4. 最小化聚类中心矩阵 $v_i^{(t+1)}$
5. 最小化残差矩阵 $r_{jl}^{(t+1)}$
6. 更新噪声权重矩阵 $w_{jl}^{(t)}$
7. **end while**
8. 返回 U,V,R 及 W
9. 基于 U,V 生成聚类分割结果影像
10. 根据最新更新的聚类中心 V 转化得到优化阈值 v_e

7.2　基于先验阈值的山地瞪羚优化与反向探索算法

在处理多级阈值的复杂影像时，一些传统的阈值分割方法会面临一些局限性，对于灰度级存在细微差别的影像，这些方法可能无法有效区分不同的类别区域，并且依赖于影像直方图等信息，因此对噪声比较敏感，同时处理非均匀光照条件缺乏自适应均匀光照的能力。对于遥感影像的阈值求解的方法，国内外均有相关领域的学者进行了大量的研究。Chen[108]采用一种新型的多阈值图像分割方法，该方法基于聚类技术，通过均值移动技术来确定模式的中心点，并通过对相邻模式中心进行迭代以此挑选不同阈值的方式，实现了图像的分割。为了克服多阈值分割方法应用于复杂环境下的红外图像分割时伪峰值干扰的影响，Liu 等[109]引入了峰面积和峰宽度控制因子，然后将满足标准 FCM 算法的波谷作为阈值，对图像进行粗略分割，阈值分割后采用模糊聚类算法进一步细化分割，同时引入了一个自适应函数来确定最佳聚类数，并使用对数函数作为距离度量，通过这种自适应模糊聚类算法，以自适应合并灰度值差异较小的区域来实现精细分割的效果。但是，随着阈值搜索空间维度的增加，这些阈值获取方法可能会变得计算效率低下，并且会被复杂结构或细微强度变化等因素影响分割精度。Ma 等[110]使用大津法作为目标函数，提出了一种基于鲁棒自适应变种的鲸鱼优化算法（robust adaptive variants of whale optimization algorithm，RAV-WOA）进行多阈值图像分割，该算法引入自适应加权策略，以平衡全局搜索和局部开发，利用水平和垂直交叉策略跳出局部最优状态，具有更好的收敛速度、准确性和分割质量。

元启发式算法一般用来解决一些复杂情况的优化问题，这些优化问题通常是一些数学问题，涉及从一组可行的解决方案中找出最佳解决方案。换句话说，这些优化问题是在一定的约束条件下，通过目标化需求函数来优化目标函数。山地瞪羚优化算法是一种新的仿生元启发式算法，它能够平衡开发与探索，通过模仿瞪羚在社会组织、争斗行为和诱饵过程中的自然行为等方面的行为，将瞪羚的分层和群体生活数学化，从而实现开发（向最佳解决方案移动）和探索（执行探索操作），以获得全局最佳解决方案。

在遥感影像阈值分割的大部分应用中，都需要进行多级阈值处理，使用两个以上的阈值来分割图像。阈值分割依赖选择最佳阈值来将像素划分为不同的片段，而元启发式算法擅长优化问题，尤其是在复杂的多维搜索空间场景中，可以高效地搜索出最佳阈值，最大限度地提高分割质量，与传统方法相比，山地瞪羚优化算法主要的优势在于它能够实现开发和探索之间的平衡，通过使用 4 种不同的机制来优化每个搜索因子和迭代，从而确保在所有优化阶段进行并行探索和利用。在阈值分割中，最关注的问题莫过于如何探索到基于图像特征信息的最佳阈值。本节在经典山地瞪羚优化算法的基础之上，提出了一种基于先验阈值的山地瞪羚优化与反向探索（CR-MGO）算法，以便高效地得到精准的阈值。本节按照依托多机制的平衡化探索算法、基于先验阈值的界限调整算法及利用反向空间的探索优化算法三个部分对基于先验阈值的山地瞪羚优化与反向探索（CR-MGO）算法的内容进行系统的介绍。

7.2.1 依托多机制的平衡化探索算法

依托多机制的平衡化探索算法包含 4 种不同的机制，通过结合这 4 种机制可以高效地探索搜索空间，同时还能利用有前景的解决方案。每种机制在优化搜索因子和迭代方面都有特定的作用，以使算法能够适应和应对不同的优化挑战，从而提高其找寻高质量解决方案的性能。首先，算法通过优化每个搜索因子和迭代，可以确保探索与利用之间的平衡，具体表现在集约化（开发）和多样化（探索）两方面，每种机制都使用具有不同步骤的系数向量，从而允许搜索代理的各种移动，通过不同的搜索行为，以确保开发和探索阶段在整个优化过程中并行进行。其次，依托多机制的使用可以允许算法进入并行开发和探索阶段，这意味着算法可以在探索搜索空间新领域的同时，向最佳解决方案迈进，这种并行性增强了算法摆脱局部最优并找到全局最优解的能力。

在山地瞪羚优化算法中，核心机制包括领地独居雄性（TSM）、产妇群（MH）、单身雄性群体（BMH）及迁徙寻找食物（MSF）4 种机制，这 4 种机制被综合应用于模拟瞪羚种群的仿生行为以产生新一代的解决方案。每个时代的结束，代表了算法的一次迭代，其间所有的瞪羚都会经历一次更新。此外，每个时代结束时，所有瞪羚（解决方案）都会根据其适应度的高低进行升序排列。表现最佳的瞪羚，即那些具有高质量或者说较低成本的解决方案，会在种群中得到保留，以便在未来的迭代中继续被利用，而那些表现不佳的瞪羚，被视为效率低下或适应性较差的解决方案，会从当前种群中淘汰。这种选择机制确保了算法能够持续优化，并朝着更优的解决方案进化。MGO 优化流程如图 7.2 所示。

领地独居雄性（TSM）机制基于对成年雄性瞪羚的领地行为的观察，即在自然界中成年雄性瞪羚会建立和捍卫各自的领地，并经常参与土地和交配权的竞争。在该算法中，TSM 机制的功能是评估每只模拟瞪羚相对于最优解的位置即成年雄性瞪羚，这需要考虑在 TSM 机制下两者的互动和其他相关变量。该模型有效地将瞪羚的自然竞争行为诠释为一种计算框架，允许评估每个瞪羚个体的位置，相关计算公式如下：

$$\text{TSM} = \mathbf{male}_{\text{gazelle}} - \left| (r_1 \cdot \text{BH} - r_2 \cdot \boldsymbol{X}(t)) \cdot F \right| \cdot \text{Cof}_r \tag{7.19}$$

$$\text{BH} = \boldsymbol{X}_{ra} \cdot \lfloor r_1 \rfloor + M_{pr} \cdot \lceil r_2 \rceil, ra = \left\{ \left\lceil \frac{N}{3} \right\rceil \cdots N \right\} \tag{7.20}$$

$$F = N_1(D) \cdot \exp\left(2 - \text{Iter} \cdot \left(\frac{2}{\text{MaxIter}} \right) \right) \tag{7.21}$$

$$\mathbf{Cof}_i = \begin{cases} (a+1) + r_3 \\ a \cdot N_2(D) \\ r_4(D) \\ N_3(D) \cdot N_4(D)^2 \cdot \cos((r_4 \cdot 2) \cdot N_3(D)) \end{cases} \tag{7.22}$$

$$a = -1 + \text{Iter} \cdot \left(\frac{-1}{\text{MaxIter}} \right) \tag{7.23}$$

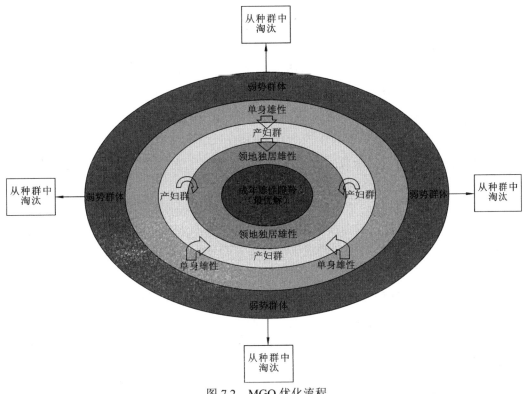

图 7.2 MGO 优化流程

在式（7.19）中，$\mathbf{male}_{\mathrm{gazelle}}$ 为优化问题中全局最佳解决方案的位置向量；$X(t)$ 为瞪羚在当前迭代中的位置向量，以确定瞪羚的新位置；r_1 与 r_2 是随机整数，它们将随机性引入计算，并影响 TSM 机制的行为；BH、F 及 $\mathbf{Cof}_r$ 三个变量的含义将由式（7.20）～式（7.23）共同说明。

式（7.20）中，X_{ra} 为一个从区间 ra 中随机选择的方案，区间 ra 定义为从上限 $N/3$ 到 N 的范围，其中 N 为瞪羚总数。M_{pr} 为随机抽取的搜索代理的平均数量，将它乘以 r_2 的四舍五入值，有助于计算 BH。BH 为确定年轻雄性瞪羚群对成年雄性瞪羚领地行为的影响系数，即代表了年轻雄性瞪羚群对成年雄性瞪羚控制领地和占有雌羚决策过程的影响，这就给成年雄性瞪羚群体带来了随机性和可变性。

式（7.21）中，$N_1(D)$ 为一个归一化因子，取决于问题的维度 D，用于根据问题的维度调整函数值。exp() 函数为计算等式中的指数项，通过一个递减的指数项来缩放。F 的作用是平衡成年雄性瞪羚的领地行为与其体能潜能。F 值越大，表明雄性瞪羚的体能潜力越大，统治力越强，从而可以产生更具攻击性的领地行为。F 值越小，表明雄性瞪羚的体能潜力越小，统治力越弱，从而不太可能产生更具攻击性的领地行为。

式（7.22）中，系数向量 $\mathbf{Cof}_i$ 是随机选择的，每次迭代都会更新。它通过调整搜索的幅度和方向，允许算法探索解空间的不同区域，同时通过调整搜索的幅度和方向，搜索到更优的目标解。$\mathbf{Cof}_i$ 会影响式（7.22）的大小和方向，从而影响代表雄性瞪羚领地 TSM 的整体值。Cof_i 的值选择有 4 种不同的情况，每种选择对应不同的情况或条件。当 $\text{Cof}_i = (a+1)+r_3$ 时，它为最佳位置求解提供了一个固定的偏移调整，其中 a 由式（7.23）表达，主要表现为一个由迭代次数决定的常量，r_3 为定义在值域 $[0,1]$ 上下限的随机常量；当 $\text{Cof}_i = a \cdot N_2(D)$ 时，它为最佳位置引入了一个比例因子，其中，$N_{re(1,2,3,4)}(D)$ 表示在问题范围内的不同维数；当 $\text{Cof}_i = r_4(D)$ 时，它为最佳位置引入了对变量 D 的依赖；当 $\text{Cof}_i = N_3(D) \cdot N_4(D)^2 \times \cos((r_4 \cdot 2) \cdot N_3(D))$ 时，它将两个变量 $N_3(D)$ 和 $N_4(D)^2$ 相乘，并将余弦函数应用于涉及变量和常量的表达式，利用这种变量与函数之间的复杂关系引入最佳位置的计算中。

产妇群（MH）机制的重点是阐明瞪羚产妇群在生殖周期中的生产年轻雄性瞪羚的关键作用，这是因为它们会产下体格健壮的年轻雄性瞪羚。这些雄性瞪羚不仅参与到种群的繁殖活动中，而且还与较成年的雄性展开竞争，争夺与雌性瞪羚交配的机会，以获得雌性瞪羚的青睐并生产下一代。相关机制公式如下：

$$\text{MH} = (\text{BH} + \text{Cof}_{1,r}) + (r_3 \cdot \textbf{male}_{\text{gazelle}} - r_4 \cdot \textbf{\textit{X}}_{\text{rand}}) \times \text{Cof}_{1,r} \tag{7.24}$$

式中：$\text{Cof}_{1,r}$ 是一个随机选择的系数向量，通过式（7.24）来计算。r_3 和 r_4 是 1 或 2 的随机数，用于确定随机选择的瞪羚对产妇群的影响。$\textbf{\textit{X}}_{\text{rand}}$ 是从整个种群中随机抽取的瞪羚的位置向量。

单身雄性群体（BMH）机制聚焦于研究年轻雄性山地瞪羚的行为，在年轻雄性山地瞪羚成年后，由于尚未建立自己的领地或控制雌性山地瞪羚，就会形成单身雄性瞪羚群体。这些羚羊群由年轻的雄性羚羊组成，因此它们会与其他成年雄性羚羊争夺领地和雌性羚羊。相关机制公式如下：

$$\text{BMH} = (\textbf{\textit{X}}(t) - D) + (r_5 \cdot \textbf{male}_{\text{gazelle}} - r_6 \cdot \text{BH}) \times \text{Cof}_r \tag{7.25}$$

$$D = (|\textbf{\textit{X}}(t)| + |\textbf{male}_{\text{gazelle}}|) \cdot (2 \times r_6 - 1) \tag{7.26}$$

式中：BH 为年轻雄性瞪羚的影响系数；$\textbf{\textit{X}}(t)$ 决定瞪羚在优化过程中的当前位置；D 为瞪羚矢量位置 $\textbf{\textit{X}}(t)$ 与最佳解决方案 $\textbf{male}_{\text{gazelle}}$ 位置之间的距离，它影响瞪羚向最佳解决方案的移动；r_5 和 r_6 是随机引入的、取值为 1 或 2 的数。

迁徙寻找食物（MSF）机制，山地瞪羚的迁徙模式受其卓越的奔跑速度和强大的跳跃能力所影响，这种群体能够进行长距离移动以寻找食物资源。在迁徙过程中，山地瞪羚能有效地开拓新的领域，以此来发掘和利用新的食物资源。相关机制公式如下：

$$\text{MSF} = (\text{ub} - \text{lb}) \cdot r_7 + \text{lb} \tag{7.27}$$

式中：MSF 为迁移步长系数，决定搜索代理在迁移阶段的移动距离，控制着算法的探索能力；ub 为问题搜索空间的上限，它定义了搜索代理在问题每个维度上的最大值；lb 为问题搜索空间的下限，它定义了搜索代理在各维度中的最小值；r_7 为范围在 0~1 随机选择的系数，它为迁徙探索过程引入随机性，允许种群探索空间的不同区域。

综上所述，在经典的山地瞪羚优化算法中，采用 4 种不同的机制（TSM、MH、BMH 及 MSF）并行处理执行最佳方案的求解，这些机制模仿瞪羚在不同情况下的行为，来优化每个种群和迭代，通过考虑所有优化阶段中的探索和利用达到平衡化效果。

但是该算法仍然存在一些问题：其一，MGO 在早期迭代中可能会陷入搜索空间中不理想的区域，尤其是在处理高维度问题时。事实上大多数解决方案都是在最优区域之外生成的，尽管已获得最佳解决方案，但是经过几个迭代循环后，仍旧会通过探索发现更匹配的区域，这意味着，对了某些问题，在早期处理循环中无法实现解决方案的多样性。其二，原始算法可能会出现早期收敛，即过早收敛到次优解，这可能会限制它探索搜索空间和找到全局最优解的能力。所以原始算法是存在探索限制，从而无法有效摆脱局部最优状态。

为了解决经典山地瞪羚优化算法中的局部最优及过早收敛的问题，在基于原始的山地瞪羚优化算法上进行了创新性的改进，主要分为基于先验阈值的界限调整算法和利用反向空间的探索优化算法。具体思路如下：首先，利用基于残差估计的阈值迭代聚类算法得到的先验阈值作为初始搜索域边界，这些推导出的阈值以像素值范围的形式考量后被重新用作算法探索空间内更新的先验的探索范围上下限。然后，将基于反向空间的探索概念融入山地瞪羚优化算法的框架中，引入一种更全面地穿越搜索空间的机制，加入对解决方案的反向空间的考虑，最终实现阈值的最优求解。

7.2.2 基于先验阈值的界限调整算法

在种群迁徙寻找食物的阶段中，经典的山地瞪羚优化算法会模拟山地瞪羚寻找食物来源的行为，以及它们长途迁徙获取食物的过程。由于 ub 和 lb 分别为问题搜索空间的上下限边界，这限定了搜索空间的范围，而上下限边界对决定搜索过程的有效性和效率起着至关重要的作用。如果上下限边界差距过大，搜索空间则包含更多潜在的解决方案，但也可能意味着算法需要花费更多时间探索搜索空间中不相关或次优的区域。此外，在非常大的搜索空间中，由于需要探索的可能性太多，算法可能会错过最优解，存在遗漏最优解的风险，并且较大的搜索空间需要更多的计算资源和时间，这可能会降低算法的效率，尤其是在复杂问题或硬件资源有限的情况下，这会造成计算成本增加。而上下限边界差距过小，算法可能无法探索足够的搜索空间来找到最优解，从而因探索受限导致错过定义边界之外的更好解决方案。同时，上下限边界差距过小还会导致过早收敛到局部最优，在狭窄的边界内迅速找到一个接近最优的解决方案，而不会继续探索其他可能更好的解决方案。因此，为值域设定适当的边界对搜索算法的性能至关重要，本小节选择一个适当的范围，将初始搜索的多阈值和像素范围相结合进行考虑，公式如下：

$$T_i^{(t)} = \frac{1}{2}\sum_{i=1}^{K-1}(C_i + C_{i+1}) \tag{7.28}$$

$$lb = \min(T_1^{(t)}, T_2^{(t)}, \cdots, T_{K-1}^{(t)}) \tag{7.29}$$

$$ub = \max(T_1^{(t)}, T_2^{(t)}, \cdots, T_{K-1}^{(t)}) \tag{7.30}$$

式中：$T_i^{(t)}$ 为第 t 次聚类分割迭代结束后的聚类中心；C_i 为其中第 i 个聚类中心。通过聚类中心两两求均值得到一个新的优化阈值集合，并取其中的最小值和最大值分别作为搜索空间的先验上下限，分别命名为 lb 和 ub。通过这种方式可以减少种群无效搜索，平衡搜索效率和搜索质量之间的关系。

7.2.3　利用反向空间的探索优化算法

山地瞪羚优化算法本质是通过 4 种不同机制对瞪羚种群不断更新的过程，以获得最优解 Best X_{Gazelle}（成年雄性瞪羚）及最优适应度标准 Best F_{Gazelle}（目标函数）。但是，在充分探索整个搜索空间之前，算法可能会过快地收敛到次优解空间。将对于反向空间的考虑集成到 MGO，对于每只瞪羚或瞪羚的子集，考虑反向空间的解决方案，可以增强算法的探索能力并防止早熟收敛。

对于算法最优解更新存在的问题，引入如下的概念性公式来说明：

$$X_{\text{iter}}^{\text{new}} = X_{\text{iter}} + \alpha \cdot R \cdot (X_{\text{gbest}} - X_{\text{iter}}) \tag{7.31}$$

式中：X_{iter} 为迭代次数；X_{gbest} 为最优解位置；R 为随机系数；α 为缩放因子，在位置更新方面起着至关重要的作用。如果缩放因子 α 设置得过大，由于步长过大，算法可能会跳过或错过最优解，并且搜索过程可能变得不稳定，候选解来回摆动而不收敛。相反，如果缩放因子 α 设置得过小，算法可能会在全局最优解 X_{gbest} 上迈出很小的一步，这看似有利于微调解决方案，但实际上会导致过早收敛。步长过小意味着算法没有充分探索搜索空间，增加了陷入局部最优的风险。引入反向空间的概念，可以有效探索被忽略的有效解，相关公式如下：

$$\bar{t}_i = \text{Lb}_i + \text{Ub}_i - t_i \tag{7.32}$$

式中：Lb_i 和 Ub_i 为每个阈值在最优集合中第 i 个解的上下限；$t_{i\in(1,k)} = \{t_1, t_2, \cdots, t_k\}$ 为通过 MGO 算法得到的最优解集合，表示最优集合中每个解对应的反向空间解集合，可以通过图 7.3 进行理解。

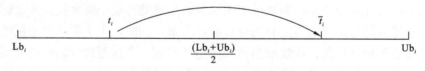

图 7.3　反向空间考虑流程

对于每一个阈值 $t_i \in [\text{Lb}_i, \text{Ub}_i]$，设置一定的范围通过适应度标准进行原始结果与反向结果之间的对比，公式如下：

$$t_{i\in(1,k)} = \begin{cases} \bar{t}_i, & F_{\text{fitness}}(\bar{t}_i) < F_{\text{fitness}}(t_i) \\ t_i, & F_{\text{fitness}}(\bar{t}_i) \geq F_{\text{fitness}}(t_i) \end{cases} \tag{7.33}$$

式中：F_{fitness} 为适应度标准函数，用来评估原始结果与反向结果的适应度，如果通过反向解适应度小于原始解，则反向解可以用来更新最优解。本节提出的 CR-MGO 方法的具体效果如图 7.4（c）所示。

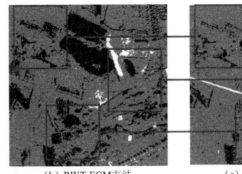

（a）待分类图像	（b）RWT-FCM方法	（c）CR-MGO方法

图 7.4　CR-MGO 方法及 RWT-FCM 方法效果图

由图 7.4 可知，相较于 RWT-FCM 方法，CR-MGO 方法在保证正确识别水体与绿地的同时，保留了建筑区域的完整度，但仍然存在一定的地物误分类情况。

基于先验阈值的山地瞪羚优化与反向探索（CR-MGO）算法的伪代码流程如表 7.2 所示。

表 7.2　基于先验阈值的山地瞪羚优化与反向探索算法的伪代码流程表

算法：基于先验阈值的山地瞪羚优化与反向探索算法

输入：阈值个数 k，最大迭代次数 Max_iteration

输出：优化阈值组合 $t_{ie(1,k)} = \{t_1, t_2, \cdots, t_k\}$

1. **Initialization**：初始化参数，先验上下限 ub、lb 及随机修正参数 r_1，$r_2 \in [0,1]$，初始化适应度函数 F_{fitness}

2. 创建一个随机种群并用 $X_i (i = 1, 2, \cdots, N)$ 表示

3. **while**（$i \leqslant$ Max_iteration）**do**

4. **for**（each Gazelle (X_i)）**do**

5. 根据 4 种不同的机制来更新种群产生下一代

6. 领地独居雄性群体计算 TSM

7. 产妇雌性群体计算 MH

8. 单身雄性群体计算 BMH

9. 群体迁徙寻找食物计算 MSF

10. 计算 TSM、MH、BMH 和 MSF 的适应度值，然后将它们加到栖息地中

11. **end for**

12. **end while**

13. 根据 $[\text{Lb}_i, \text{Ub}_i]$ 上下限 计算 $\overline{t}_{ie(1,k)} = \{\overline{t}_1, \overline{t}_2, \cdots, \overline{t}_k\}$，表示优化阈值组合中每个解对应的反向空间解集合

14. 根据 F_{fitness} 适应度函数比较原始解与反向解进行评估并更新优化阈值集合

15. **return** 最佳优化阈值集合 $t_{ie(1,k)} = \{t_1, t_2, \cdots, t_k\}$

7.3　基于像素分布信息的阈值修正算法

在阈值分割应用中，像素灰度值是用来区分图像中不同区域的基本标准，通过选择特定的灰度阈值，算法可以将图像分割成不同部分。灰度值在分割过程中代表了像

素的主要特征，这些值反映图像中每个像素的亮度信息，是确定像素属于特定类别的关键依据。累积像素数往往用于评估阈值分割图像中不同灰度级的分布情况，通过分析累积像素数的变化，可以理解图像中不同灰度级的累积分布特性，为选择合适的分割阈值提供依据。其次，在累积像素直方图的分析中，通过寻找其中表示图像中灰度分布显著变化的转折点或拐点，可以帮助确定有效的分割阈值。同时，累积像素数还可以用来评估图像的对比度和动态范围，这对理解图像的整体分布和确定适当的阈值范围非常重要。综上所述，像素灰度值和累积像素数在图像阈值分割中分别代表单个像素的亮度特征和整个图像的灰度分布特性，可以成为确定有效分割阈值和理解图像特性的关键指标，因此，本节通过对这两个指标的综合分析，希望进一步显著提高图像分割的准确性。

7.3.1 基于像素累积比的阈值调整算法

在利用传统的类间方差进行图像分割的研究中，当像素累积概率与总体累积概率的比值达到某一特定阈值时，灰度直方图中灰度值的变化速度会出现显著增加，这一现象指示了潜在的最优阈值区域[111]。基于上述理论，本小节提出一种新的阈值调整策略，策略不是单一地选择最大化类间方差的阈值，而是通过考虑类内方差较小的类别，使阈值更接近这些类别。具体公式如下：

$$
\begin{cases}
P(T_j) = \sum_{i=a}^{T_j} p_i, \quad P(g) = \sum_{i=a}^{g} p_i(g \leqslant T_j), \quad \mu > T_j \\
P(T_j) = \sum_{i=T_j}^{b} p_i, \quad P(g) = \sum_{i=g}^{b} p_i(g > T_j), \quad \mu \leqslant T_j
\end{cases}
\tag{7.34}
$$

式中：对于多阈值集合中第 j 个阈值 T_j，针对它的上下限 a 与 b 的范围对其进行调整。如果 μ 大于 T_j，$P(T_j)$ 将计算 $[a, T_j]$ 内灰度值小于或等于 T_j 的所有像素的概率之和，否则，$P(T_j)$ 将计算灰度值在 $[T_j, b]$ 内的所有像素的概率之和。与 $P(T)$ 类似，它也是根据平均灰度值 μ 和阈值 T_j 计算得出的。如果 μ 大于 T_j，$P(g)$ 则计算 $[a, T_j]$ 内灰度值小于或等于 g 的所有像素的概率之和，否则，$P(g)$ 则计算灰度值在 $[T_j, b]$ 范围内所有像素的概率之和。

关于上下限 a 与 b 的取值，可以分为以下三种情况讨论：

$$
\begin{cases}
a = 0, \quad b = T_2, \quad j = 1 \\
a = T_{k-1}, \quad b = L, \quad j = k \\
a = T_{j-1}, \quad b = T_{j+1}, \quad j = 其他
\end{cases}
\tag{7.35}
$$

在多阈值分割中，元素由 k 个阈值组成，当阈值索引为第一个阈值 T_1 时，将下限设置为阈值最小值 0，上限设置为第二个阈值；当阈值索引为最后一个阈值时，将下限设置为前一个阈值 T_{j-1}，上限设置为阈值最大值；其他则为讨论阈值集合中间阈值的情况，对于中间阈值 T_j，将下限设置为前一个阈值 T_{j-1}，上限设置为后一个阈值 T_{j+1}。

在得到了像素累积比以后，可以在确定的范围内调整阈值。以1为步长在范围内迭代，并计算比较每个阈值的比率 $P(T_j)/P(g)$ 与预定比率参数 β 之间的大小。

7.3.2 基于误分类错误原理的阈值评价方法

误分类误差（misclassification error，ME）是一种用于评估例如图像分割算法等分类算法性能的统计量度，它是指图像中被错误分类的像素占像素总数的比例，衡量的是每个像素的实际类别与预测类别之间的差异。在图像分割中，ME 可量化分割方法在将像素分类到不同类别时产生的误差，为评估分割质量提供一个直接且计算高效的标准，且易于计算和解释，通过使用误分类误差作为判别阈值的标准，可以有效地确定最佳阈值，使分割图像的分类误差最小。误分类误差（ME）相关数学公式如下：

$$\mathrm{ME}\,(T_j)=1-\frac{\left|\{p\in N:p>T_j\}\right|+\left|\{p\in P:p\leqslant T_j\}\right|}{|p|+|N|} \tag{7.36}$$

对于多阈值集合中每一个阈值 T_j，在对应正类 P 和负类 N 组成的范围内进行讨论，$\{p\in N:p>T_j\}$ 表示负类 N 中被错误分类为正类 P 的数据点，这些误分点实际上属于负类，但由于它们的特征值 p 大于阈值 T_j，因此被错误分类。$\{p\in P:p\leqslant T_j\}$ 表示正类 P 中被错误分类为负类 N 的数据点。这些误分点实际上属于正类，但由于它们的特征值 p 小于或等于阈值 T_j，因此被错误分类。$|P|+|N|$ 表示阈值 T_j 对应范围内所有数据点的总数。各类方法具体效果比较如图 7.5 所示。

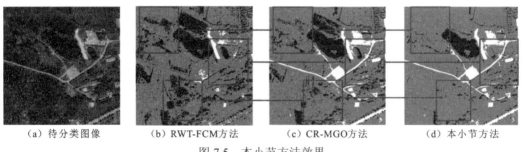

（a）待分类图像　　　（b）RWT-FCM方法　　　（c）CR-MGO方法　　　（d）本小节方法

图 7.5　本小节方法效果

由图 7.5 可知，通过对阈值的逐步优化，遥感影像的初步分类整体准确性逐渐提高。可以观察到，遥感影像中的不同类别地物在粗分类过程中得到更准确的区分，这体现出本小节方法较为优良的分割性能。

7.4 本 章 小 结

本章具体说明了基于残差估计的山地瞪羚阈值优化算法的内容架构，首先介绍了基于残差估计的阈值迭代聚类算法的基础理论模型，其次对基于先验阈值的山地瞪羚优化与反向探索算法的流程进行了具体的介绍，最后重点论述基于像素分布信息的阈值修正算法的原理，实现了遥感影像不同地物类型的粗分类，便于遥感影像色彩转换过程中针对不同地物类型区域进行分别处理，提升遥感影像色彩转换效果。

第8章

基于区域生长合并与特征匹配
提取的自适应色彩转换方法

本章在基于残差估计的山地瞪羚阈值优化算法的结果基础之上，首先通过针对小块区域的连通合并方法，将具有相似特征的相邻像素区域归为一类，然后利用图像纹理特征比较与匹配提取框架，找到原始影像和参考影像之间的最佳比例对应关系，最后基于像素比例的约束，对色彩转换方法进行自适应性改进。

8.1　针对小块区域的连通合并方法

在图像分割的应用中，阈值分割因其具有简单易懂，易于实施的特点而备受关注，与更复杂的分割技术相比，阈值分割通常需要更少的时间，对于有明显区别的影像，阈值分割可以非常有效地分离物体。

尽管阈值分割已成为一种流行的技术，但是不可否认的是，阈值分割总是有自己的一些局限性，例如它经常会导致错误分类，表现为分割图像中的小碎片或噪点，具体原因分析如下：从地物特征的同质异质角度来看，阈值分割法假定要分割的特征具有一定程度的同质性，然而自然地物在遥感影像中的表现通常是异质的，这种特点会导致小块区域不符合其周围的一般光谱特征，从而导致分类错误，如图 8.1 所示。从光谱的性质出发，在遥感影像中，不同的地物可能会有重叠的光谱特征，例如在某些光谱波段中，植被阴影与水体具有相似的光谱特征，然而简单的阈值分割无法有效区分这些特征。

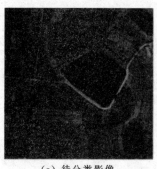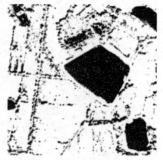

（a）待分类影像　　　　　　　　（b）小碎块影像

图 8.1　小碎块效果图

由图 8.1 可知，从光谱的角度来看，阴影和水体通常都具有较低的亮度，因此它们在光谱上可能相对相似，在可见光谱范围内，阴影和水体都可能呈现较暗的颜色，使它们在影像中难以区分。

为解决以上问题，本节提出一种针对小块区域的连通合并方法，从基于面积临界值的小块区域合并方法、依托形态学原理的邻域识别方法、结合色彩空间特性的合并计算方法三个方面进行系统介绍。

8.1.1　基于面积临界值的小块区域合并方法

本小节提出一种基于面积临界值的小块区域合并方法，旨在以面积临界值为判断标准，通过与邻近的较大区域合并，以处理由图像噪声或异质性引起的小尺度碎片区域，该方法分为如下两个关键阶段。

在第一阶段，该方法会执行全面的连通区域分析，通过系统地遍历影像中的每个像素块，准确记录每个独立区域的面积大小及其索引信息。此步骤关键在于对影像中分散的像素块进行连通性分析与标记，为后续处理提供必要的数据基础。该方法的流程图如图8.2所示。

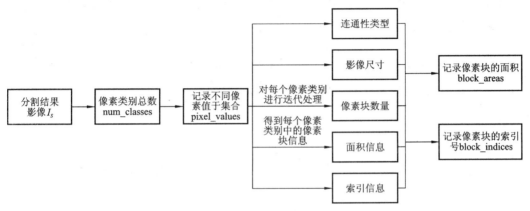

图 8.2　第一阶段流程图

首先，通过分析分割结果影像 I_S 唯一像素值来确定存在的像素类别总数 num_classes，并将这些不同的像素值存储于集合 pixel_values。然后，进行每个像素类别的迭代处理，对于 pixel_values 中的每个独特像素值，识别出由该类别的像素构成的所有独立像素块，通过连通区域分析来确定每个像素块的连通性。在此过程中，不仅需要识别出每个类别中的独立像素块，还需要计算出每个块的面积，并记录每一个像素块包含像素的索引号组。最后，通过这种方式，可以得到每个像素类别中所有像素块的连通性类型、影像尺寸、像素块数量、面积及像素块索引号等综合信息，其中，block_areas 数组包含了每个像素块的面积信息，而 block_indices 数组则存储了相应的索引信息。相应数学公式如下：

$$V = \text{unique}(I_S) \tag{8.1}$$

$$\forall v \in V, \{P_1, P_2, \cdots, P_{n_v}\} = \text{CCA}(I_S, v) \tag{8.2}$$

$$A_i = A(P_i) \tag{8.3}$$

$$\text{id}x_i = \text{id}x(P_i) \tag{8.4}$$

式中：I_S 为分割后的包含"小碎块"的图像，$V = \{v_1, v_2, \cdots, v_{\text{num\_classes}}\}$ 为影像 I_S 中的所有每一类像素值集合，函数接受影像 I_S 和像素值 v 为输入，输出该像素值形成的所有连通区域的集合，每个连通区域由像素集合 P_i 表示；CCA 为基于连通区标记的连通分析函数；n_v 为由像素值 v 形成的连通区域的数量。通过每个像素块 P_i，可计算它的面积和分配索引，最终得到像素面积集合 $A_i = [A_1, A_2, \cdots, A_{n_v}]$ 和像素索引集合 $\text{id}x_i = [\text{id}x_1, \text{id}x_2, \cdots, \text{id}x_{n_v}]$。

以上流程中最关键的一步是基于像素块的连通区域分析，连通域标记（connected component labeling，CCL）和基于 CCL 改进的连通域分析（connected component analysis，CCA）是二值图像分析和图像处理的重要步骤[112]。在图像处理领域中，连通组件标记用于识别和标记二值图像中的连通组件，该算法的核心是基于特定的连通关系来判断像素之间的连接。在学术研究中，CCL 算法通常涉及两种主要的连通关系定义：四连通（4-connectivity）关系和八连通（8-connectivity）关系，这两种连通关系的选择直接影响连通组件的识别和划分。

四连通关系是指在二维格点（如图像矩阵）中，每个像素点仅与其上、下、左、右 4 个正交方向上的邻近像素相连。这意味着，对于任何一个给定的像素点 $p(x, y)$，其四连通邻接像素集合 $N_4(p)$ 可以定义为

$$N_4(p) = \{(x, y-1), (x, y+1), (x-1, y), (x+1, y)\} \tag{8.5}$$

式中：$(x, y-1)$ 为像素点上方像素；$(x, y+1)$ 为像素点下方像素；$(x-1, y)$ 为像素点左方像素；$(x+1, y)$ 为像素点右方像素。四连通关系如图 8.3 所示。

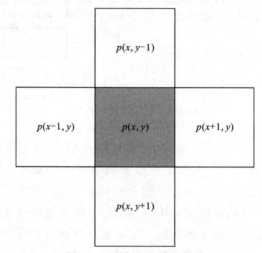

图 8.3　四连通关系示意图

八连通关系是在四连通（4-connectivity）关系基础上，每个像素点不仅与其正交方向（上、下、左、右）上的邻近像素相连，还与其 4 个对角方向上的邻近像素相连。具体定义如下：

$$N_8(p) = N_4(p) \bigcup \{(x-1, y-1), (x+1, y-1), (x-1, y+1), (x+1, y+1)\} \tag{8.6}$$

式中：$(x-1, y-1)$ 为像素点左上方像素；$(x+1, y-1)$ 为像素点右上方像素；$(x-1, y+1)$ 为像素点左下方像素；$(x+1, y+1)$ 为像素点右下方像素。八连通关系如图 8.4 所示。

在第一阶段得到每个像素块的面积大小及其索引等信息的过程中，使用八连通方式不仅考虑了上、下、左、右 4 个方向的邻接像素，还包括 4 个对角方向的邻接像素，这种更全面的邻接性判断使算法能更精确地识别并记录连通区域，尤其是在区域的连接可能仅在对角线方向上存在时。由于八连通方式提供更宽松的连通性标准，它有助于减少由于严格的邻接性标准（如四连通）引起的误分割。例如，四连通可能会将实际上连通的区域错误地识别为多个独立区域。此外，某些图像中，连通区域可能在视觉上看起来是连通的，但实际上只是在对角线方向上相连，而八连通方式更好地维持了这些区域的完整性，从而提高了分析的准确性。

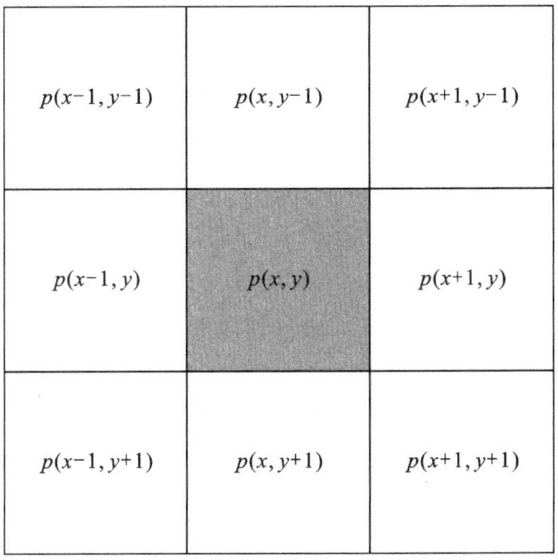

$p(x-1, y-1)$	$p(x, y-1)$	$p(x+1, y-1)$
$p(x-1, y)$	$p(x, y)$	$p(x+1, y)$
$p(x-1, y+1)$	$p(x, y+1)$	$p(x+1, y+1)$

图 8.4　八连通关系示意图

在第二阶段,设定一个图像的特定属性和目标分割对象的尺度信息的面积临界值,在遍历每一类像素块时,对比其面积与设定的面积临界值之间的大小,当像素块的面积小于此临界值时,它将被合并到其最邻近的较大像素块中。第二阶段流程如图 8.5 所示。

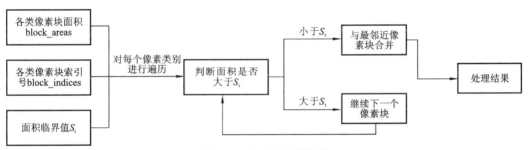

图 8.5　第二阶段流程图

基于第一阶段统计得到的各类像素块面积 block_areas、索引号 block_indices 等连通性信息,设定一个面积临界值 S_t,对各类各个像素块进行遍历判断,若像素块面积大于临界值 S_t,则继续对下一个像素块进行判断,若像素块面积小于临界值 S_t,则需要将其与最邻近的像素块合并。相关公式如下:

$$\sum_{b=1}^{len} I_s(x_b) \leftarrow I_s(x_1-1), \quad S < S_t \tag{8.7}$$

式中: I_s 为分割后的包含"小碎块"的图像; b 为该像素块集合中各个像素的索引; x 为该像素块中的像素空间位置索引集合; len 为该像素块中像素点的数量。对于像素块中 x 中的每个像素 $x_{b\in(1,2,\cdots,len)}$,执行 $I_s(x_b) \leftarrow I_s(x_1-1)$ 像素类别的替换合并操作,$I_s(x_1-1)$ 为最邻近像素块中对应位置的像素值。

8.1.2　依托形态学原理的邻域识别方法

形态学在图像处理领域往往扮演着重要的角色，它的核心目标是通过特定的变换来揭示影像的结构特征，这种变换可以适用于灰度影像及更复杂的彩色影像。在形态学的操作中，存在两个基本而核心的操作：腐蚀和膨胀。这两种操作各自对影像的特定区域产生影响，前者作用于影像的边缘部分，而后者则增加影像中的主体区域。

这些形态学操作的实现，都离不开内核即"结构化元素"。不同形状的元素可以在图像处理中发挥出各自的长处，因此，在形态学操作中，元素的形状比其具体的值更为重要。同时，元素的原点在确定操作作用于影像的哪个部分，以及最终结果的位置方面发挥着决定性作用。形态学结构膨胀如图 8.6 所示。

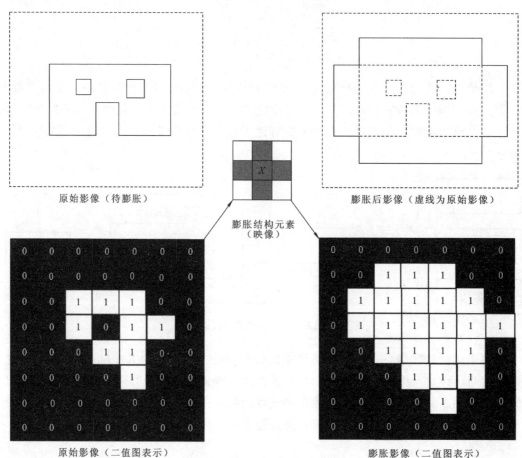

图 8.6　形态学结构膨胀示意图

基于以上理论，本小节提出一种依托形态学原理的邻域识别方法，针对面积较大难以直接判断归属关系的零散区域,通过膨胀的方式对目标区域邻近像素块进行识别，方便后续的合并归类。

该方法会对每个像素块进行逐个讨论，如果像素块周边存在数量大于或等于两类的邻近类，则对这些邻近类一一分析，通过膨胀操作扩充外边缘最小一层的像素集合到目标区域，并分别记录该混合区域的各种像素类。依托形态学原理的邻域识别方法流程如图 8.7 所示。

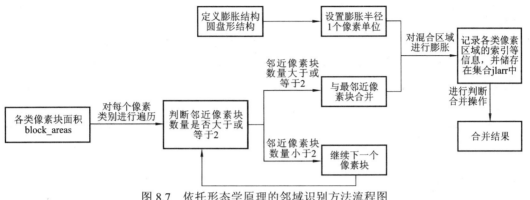

图 8.7　依托形态学原理的邻域识别方法流程图

首先，对于像素块面积集合 block_areas 进行遍历，对于每一块像素块进行判断，如果邻近像素块数量大于或等于 2，则开始讨论，否则继续遍历下一个像素块。对于邻近像素块，将膨胀范围定义为圆盘形结构 disk，为达到最小误差，膨胀半径设置成最小参数的 1 个像素单位，对该混合区域 dilated_img 的各类像素区域的索引等信息进行记录，并储存在一个临时集合 jlarr 中，以便后续进行判断合并的操作。相应数学公式如下：

$$D(x,y) = (A \oplus B)(x,y) = \max_{(u,v) \in B} \{A(x-u, y-v)\} \tag{8.8}$$

式中：A 为原始的二值图像；B 为设置为 disk 的、半径为 1 个像素单位的圆盘结构，该结构用于扩充原有的目标像素块；$D(x,y)$ 为膨胀后的混合区域，$A(x-u, y-v)$ 为在影像 A 中以 (x,y) 为中心的与结构元素 B 对应位置的像素值；$\max_{(u,v) \in B} \{A(x-u, y-v)\}$ 表示的是膨胀操作的数学含义，指在考虑结构元素 B 中所有可能的 (u,v) 位置时，如果在 B 的任何位置上，对应 A 的位置是 1，则 $(A \oplus B)(x,y)$ 为 1；如果所有对应 A 的位置是 0，则 $(A \oplus B)(x,y)$ 为 0。总体来说，膨胀操作通过结构元素 B 在原始影像 A 上滑动，并在结构元素 B 覆盖的区域内找到最大值，从而完成对影像的膨胀，并进行相应的信息统计。

8.1.3　结合色彩空间特性的合并计算方法

本小节提出一种结合色彩空间特性的合并计算方法，针对 8.1.2 小节提出的依托形态学原理的邻域识别方法得到的膨胀混合区域，对该区域中的每一块邻接像素块利用色彩空间加权计算的方式确定与目标区域的相似度，进而进行相同类别的合并。该方法分为两个阶段。

第一阶段旨在得到膨胀混合区域的每一个像素块的二维坐标，并通过欧氏距离使用质心坐标来代表这个像素块的平均位置。相关数学公式如下：

$$i = \left\lfloor \frac{idx}{N} \right\rfloor + 1 \tag{8.9}$$

$$j = (p \bmod N) + 1 \tag{8.10}$$

$$D_n = \sqrt{(\overline{i} - i_n)^2 + (\overline{j} - j_n)^2} \tag{8.11}$$

式中：$\lfloor \ \rfloor$ 表示向下取整；mod 表示取模运算；(i_n, j_n) 为每个像素坐标，$(\overline{i}, \overline{j})$ 为整个区域的质心坐标；D_n 为每个像素索引与质心之间的欧氏距离。由于连通性分析只能得到像素在影像中具体的索引号，需要将一维索引号 idx 转化为具体的行号 i 与列号 j，针对尺寸为 M 行 N 列的影像，由式（8.9）和式（8.10）计算影像对应索引号的二维行列号坐标，每一个像素块是由多个像素组成的集合，因此使用质心坐标来代表像素块平均位置，并通过最小化 D_n 的值来确定。

第二阶段分别计算目标像素块与相邻像素块之间的色彩空间与空间位置距离两个方面的相似度，并通过权重函数的方式来衡量各自的影响因素。相关数学公式如下：

$$V_{\text{lab}} = \sqrt{(l_n - l_o)^2 + (a_n - a_o)^2 + (b_n - b_o)^2} \tag{8.12}$$

$$V_{ij} = \sqrt{(i_n - i_o)^2 + (j_n - j_o)^2} \tag{8.13}$$

$$D_s = \frac{\alpha V_{\text{lab}} + \beta V_{ij}}{\sqrt{\alpha^2 + \beta^2}} \tag{8.14}$$

式中：V_{lab} 为相邻像素块 (l_n, a_n, b_n) 与目标像素块 (l_o, a_o, b_o) 之间基于 LAB 色彩空间的差异性；V_{ij} 为相邻像素块 (i_n, j_n) 与目标像素块 (i_o, j_o) 之间的空间位置距离的差异性；D_s 为综合考虑了相邻像素块与目标像素块之间的色彩空间与空间位置距离差异因素的相似度值；α 和 β 分别为色彩空间与空间位置的影响因子。具体连通合并效果如图 8.8 所示。

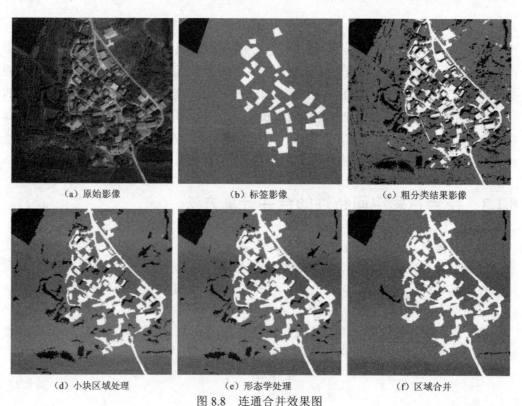

（a）原始影像　　　　　　（b）标签影像　　　　　　（c）粗分类结果影像

（d）小块区域处理　　　　（e）形态学处理　　　　　（f）区域合并

图 8.8　连通合并效果图

由图 8.8 可知，通过小块区域处理、形态学处理及区域合并三个步骤处理，粗分类结果影像中的"小碎块"情况有了逐步的改善，有效消除其对像素统计信息估计的干扰，有助于后续进行良好的像素比例自适应调整。

8.2　影像纹理特征比较与匹配提取框架

色彩转换的过程往往需要输入一个原始影像和一个参考影像，这个过程的关键在于这两幅影像之间需要有足够的相似度，以便产生连贯且自然的结果。然而，这一过程存在原始影像与参考影像在地物类别上不匹配或不平衡时所导致的一系列问题。

首先，颜色失真是色彩转换中最明显的问题之一，如果原始影像和参考影像的地物类别不相符。例如，将森林区域的影像与沙漠或城市区域的影像相匹配，会导致颜色显得不自然或不真实；又如，绿色的树木可能被错误地转换成沙漠的黄色或城市的灰色，这不仅影响影像的视觉效果，还可能误导影像的解释和分析。其次，纹理和细节的不匹配也是一个重要影响因素，在遥感影像中，不同地物类别具有不同的纹理和细节特征，因此不恰当的色彩转换会导致原始影像的纹理和细节与其地物类别不相符，进而造成视觉上的不协调或不连贯。此外，特征识别的困难是色彩转换可能引起的另一大问题，在进行遥感影像的地物分类和特征提取的任务中，不匹配的色彩转换会降低这些任务的准确性，导致错误的颜色掩盖或扭曲地物的真实特征，使得最终结果不准确，如图 8.9 所示。

　　（a）原始影像　　　　　　　　　（b）参考影像　　　　　　　　（c）错误转换影像

图 8.9　匹配不良效果图

由图 8.9 可知，在色彩转换的过程中没有进行正常的色彩映射匹配，导致建筑区域的着色不正常。引起影像之间色彩匹配异常的原因有多种，相同地物类别在不同时间段的影像可能会有所变化，例如，一个地区在夏季可能是绿色植被覆盖，而到了冬季则可能变成雪地或枯草地。不同地理位置的差异也会导致地物类别不同，例如，山区和平原的植被、土壤等地物的类型不同，其颜色和纹理信息都可能存在显著差异。此外，如果原始影像和参考影像的空间分辨率不同，可能会影响地物类别的识别，高分辨率影像可以展现更多细节，而低分辨率影像可能导致细节丢失，从而影响地物类别的准确判别。

基于以上问题，本节提出一种影像纹理特征比较与匹配提取框架，从基于纹理特征的相似度评估方法和基于灰度共生矩阵的地物匹配与提取方法两个方面进行系统介绍。

8.2.1　基于纹理特征的相似度评估方法

纹理是由相互关联的像素和像素组构成的，它作为表现地物类别的关键特征，人们通常以数学计算方法分析它的属性，并应用于数字图像处理领域尤其是遥感数据处理。纹理的特性不仅限于视觉感知，还可以通过计算方法定量分析，它主要分为两种：结构方法和统计方法。结构方法侧重于通过识别和描述影像中的基础结构来表现纹理，这种方法适用于那些空间大小和形状可以用各种特性明确描述的纹理，而统计方法则通过分析影像强度的统计分布来表现纹理，更侧重于整体的影像属性而非单独的结构。灰度共生矩阵（grey level co-occurrence matrix，GLCM）是一种被广泛应用于遥感数据处理的纹理结构特征提取方法，它通过考虑像素间的空间关系，分析影像的纹理特性，并提供关于影像纹理的丰富信息。Haralick 等[113]开创性地提出了基于灰度共生矩阵的 14 个纹理特征，如对比度、一致性、熵等，对理解影像纹理的不同方面大有裨益。

在遥感影像的地物识别应用领域，不同地物可能在颜色上非常相似，但它们的纹理特性却截然不同，纹理特征的使用可以有效区分这些具有相似颜色但不同纹理的地物，因为纹理提供了不同于颜色信息的附加数据。在复杂或变化多端的地区，仅依靠光谱特征可能不足以准确分类地物，而纹理特征的加入可以提供更多的背景信息，帮助区分类似的地物。纹理特征还扩展了特征空间，为一些复杂的基于深度学习模型的分类算法提供了基础，这种扩展不仅增加了数据的维度，还增强了模型处理复杂场景的能力。

基于以上理论，本小节提出一种基于纹理特征的相似度评估方法，该方法的核心在于它依据纹理特征来实现遥感影像的不同类别地物之间的相似度评估。该方法不仅仅考虑了一个单一的纹理特征，而是综合了影像中 4 种不同纹理特征，这种多纹理特征的综合考虑，使该方法能够更全面地捕捉和分析地物的纹理属性。另外，该方法通过计算这些纹理特征的值来实现原始影像和参考影像中同类地物的对应关系判断，对识别在不同影像中相同类别的地物很有效。相关公式如下：

$$\text{CON} = \sum_{i=1}^{N}\sum_{j=1}^{N} P(i,j)(i-j)^2 \tag{8.15}$$

$$\text{HOM} = \sum_{i=1}^{N}\sum_{j=1}^{N} \frac{p(i,j)}{1+|i-j|^2} \tag{8.16}$$

$$\text{EG} = \sum_{i=1}^{N}\sum_{j=1}^{N} p(i,j)^2 \tag{8.17}$$

$$\text{CORR} = \sum_{i=1}^{N} \sum_{j=1}^{N} \frac{(i - \mu_i)(j - \mu_j) p(i, j)}{\sigma_i \sigma_j} \tag{8.18}$$

式中：N 为灰度级数；$p(i,j)$ 为在灰度共生矩阵中 (i,j) 的位置所对应的值；CON 为对比度，范围在 $[0, (\text{size}(\text{GLCM},1) - 1)^2]$，它通过影像中灰度级别的空间关系，表示影像中相邻像素集的最高值和最低值之间的差异，这一差异与对比度的值成正相关。对比度也反映了影像中的局部变化程度，例如变化较小的平滑区域会产生较低的对比度值，而低对比度的影像通常在矩阵主对角线附近显示高浓度；HOM 为同质性，范围为 $[-1,1]$，它不仅反映了影像中像素间的一致性，而且还在灰度共生矩阵中与对比度存在负相关关系，这意味着当对比度升高，即影像中的灰度差异增大时，同质性通常会降低，反之，当对比度降低时，同质性通常会升高；EG 为能量值，它衡量影像中灰度分布的均匀性和纹理粗糙度，范围为 $[0,1]$，当影像中灰度分布非常均匀时，能量值接近 1，相反，如果影像的灰度分布非常不均匀，能量值接近 0；CORR 为相关性，范围为 $[-1,1]$，它度量影像中一个像素与其邻近像素的灰度值之间的相关程度，反映影像中灰度级配对的空间分布特性，尤其是它们的线性依赖关系。

通过式（8.15）～式（8.18）计算每种地物的 4 种纹理特征值来对不同类别的地物进行纹理特征的详细分析，这些纹理特征包括对比度、同质性、能量及相关性。随后，对地物之间各纹理特征的差值进行计算，从而量化和比较不同地物在纹理特性方面的差异，相关公式如下：

$$\text{SIM} = \sqrt{\Delta_{\text{CON}}^2 + \Delta_{\text{HOM}}^2 + \Delta_{\text{EG}}^2 + \Delta_{\text{CORR}}^2} \tag{8.19}$$

式中：Δ 为不同地物各自对应的纹理特征之间的差值；SIM 为最终的相似度估计值，SIM 越大，表示这两类地物之间差异越大，属于同一地物类别的可能性越小，相反，SIM 越小，表示这两类地物之间差异越小，属于同一地物类别的可能性越大。

8.2.2　基于灰度共生矩阵的地物匹配与提取方法

灰度共生矩阵（GLCM）是统计图像分析中的一种强大方法[114-116]，它是通过估计图像属性的方式进行的，其基础在于考虑了二阶纹理，即对两个相邻像素间的关系进行了深入的分析。这种分析以灰度共生矩阵的形式呈现。

在构建灰度共生矩阵时，通常考虑 4 个独立的方向，如图 8.10 所示。

当方向为 0° 时，分析对象通常指沿图像水平轴线的像素对，在此方向上，一个像素与其直接水平相邻（右侧或左侧）的像素进行比较。当方向为 45° 时，分析对象通常是每个像素与其右上方 45° 方向的邻近像素之间的关系。当方向为 90° 时，则更加关注的是沿图像垂直轴线的像素对，在此方向上，一个像素与其直接上方或下方的相邻像素进行比较。当方向为 135° 时，分析考虑的是每个像素与其左上方 135° 方向的邻近像素之间的关系，即图像的次对角线方向。

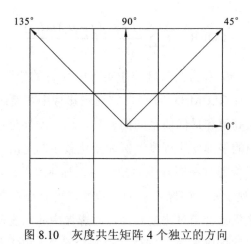

图 8.10　灰度共生矩阵 4 个独立的方向

位移向量也决定了在构建 GLCM 时考虑的像素对的方向和距离，因此灰度共生矩阵依赖位移向量来定义像素间的空间关系。相应的位移向量在表 8.1 灰度共生矩阵空间位置向量中有所展示。

表 8.1　灰度共生矩阵空间位置向量

向量方向	位移矢量
0°	（距离，0）
45°	（距离，距离）
90°	（0，距离）
135°	（-距离，距离）

每一个角度对应一种空间位置向量，距离代表这个方向移动的像素数。灰度共生矩阵本身是一个方阵，可以通过 8 个、16 个、32 个或 64 个量化级别的图像来建立，选择较少的量化级别是为了确保矩阵拥有一个非稀疏的表示，较少的量化级别也意味着能够减少计算时间并提高效率。

基于以上理论，本小节提出一种依据灰度共生矩阵的地物匹配与提取方法。基于 8.2.1 小节提出的基于纹理特征的相似度评估方法，该方法分别评估原始影像和参考影像中各个地块类别之间的相似度，得到最佳的匹配对应关系，并将其对应地物类别单独提取出来以便后续的操作。为了找到参考影像 ref 中每个区域在原始影像 src 中的最佳匹配区域，通过 S 表示相似度评估函数并最小化每个参考影像 ref 与原始影像 src 之间的相似度差值，定义一个匹配函数 $M(i)$ 用来保存这些匹配结果。相关数学公式如下：

$$M(i) = \arg\min_{\text{ref}} S(\text{src}, \text{ref}) \tag{8.20}$$

影像地物提取结果图如图 8.11 所示。

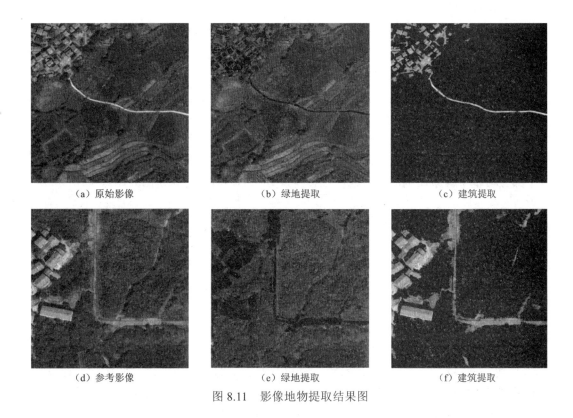

| （a）原始影像 | （b）绿地提取 | （c）建筑提取 |
| （d）参考影像 | （e）绿地提取 | （f）建筑提取 |

图 8.11　影像地物提取结果图

由图 8.11 可知，通过影像纹理特征比较与匹配提取框架的处理，可以较好地提取出不同地物类别的图像，有助于后续调整原始影像和参考影像地物类别之间的比例关系，以确保色彩映射的准确度。

8.3　基于像素比例的自适应色彩转换方法

全局色彩转换技术通过处理整幅图像，可以显著减少对计算资源的需求。其次，全局色彩转换在保持颜色一致性方面也表现出色，通过实施统一的颜色调整策略，可有效避免图像中整体颜色不协调的问题，它的广泛适用性进一步扩展了其在各种图像处理场合的应用范围，尤其在那些不需要进行细节区分的情景中。

在进行色彩转换的过程中，若匹配过程中原始影像和参考影像出现类别像素数不匹配或者不平衡的情况，具体来说，当原始影像和参考影像之间在某些地物类别的像素数量存在显著差异时，这种差异会导致原始影像中某些重要类别的颜色特征无法得到正确的表达，甚至被完全忽略。例如，在参考影像中某一个类别占据主导地位，而在原始影像中却很少见，那么在色彩转换过程中，这个类别的颜色将不会被准确匹配，并导致一些不良的结果。首先，色彩转换后的影像会在某些类别的颜色表现上偏离实际情况或预期效果。其次，在参考影像中像素数量较少的类别在色彩转换过程中被忽略，导致这些类别的独特颜色特征无法得到展现。此外，由于类别之间的不平衡，某些类别的颜色在原始影像中会被过度强调，这种过度的强调会破坏影像的整体协调性和真实性，从而影响影像的质量和色彩信息传达的效果。

基于以上问题，本节创新性地提出一种基于像素比例的自适应性色彩转换方法，具体思路为：通过在色彩转换过程中加入对地物类别之间像素比例的考虑，并构建原始影像和参考影像之间的像素对的对应关系，以确保不同类别之间的像素比例与参考影像达到自适应的匹配。本节将会按照基于加权灰边算法的图像白平衡方法、基于梯度保持的亮度匹配方法、基于像素比例调整的地物类别匹配方法及基于线性变换的色域对齐方法4个部分对基于像素比例的自适应性色彩转换方法的内容进行系统的介绍。

8.3.1　基于加权灰边算法的图像白平衡方法

照明条件在色彩转换过程中会对图像的整体 RGB 值产生显著的影响，导致色彩的色调变化而引起明显的色偏，进而使色彩转换的结果呈现出与参考影像不一致的色彩风格。本小节提出基于加权灰边算法的图像白平衡方法，通过白平衡处理的方式考虑图像的照明条件，将原始影像限制在参考影像的色域内，确保转换后的结果影像颜色分布更符合参考影像的特征。

首先，通过白平衡处理，将原始影像和参考影像的“白点”进行匹配，即计算场景的照明颜色将每个像素的颜色除以场景的照明颜色，得到图像内容 RGB 沿着空间中的白线排列，消除照明引起的色彩偏差。具体相关公式如下：

$$\boldsymbol{R} = \begin{vmatrix} \cos\beta & 0 & \sin\beta \\ 0 & 1 & 0 \\ -\sin\beta & 0 & \cos\beta \end{vmatrix} \begin{vmatrix} \cos\alpha & -\sin\alpha & 0 \\ \sin\alpha & \cos\alpha & 0 \\ 0 & 0 & 1 \end{vmatrix} \tag{8.21}$$

式中：α 为绕（0,0,1）轴旋转的角度，达到（1,1,1）在由（1,0,0）轴和（0,1,0）轴构成的平面上对准；β 为绕（0,1,0）轴旋转的角度，能够实现（1,1,1）对准到（0,0,1）；$\boldsymbol{R}$ 为旋转矩阵，其目的是消除图像中的偏色和偏差，确保场景的白色内容与（0,0,0）和（1,1,1）支持对齐，从而实现提示颜色的归一化处理。

8.3.2　基于梯度保持的亮度匹配方法

在色彩转换的过程中，匹配两个影像的整体亮度可以确保传输的色彩信息在原始影像和参考影像之间显得自然且一致，使转换结果产生更美观、更连贯的表现。此外，通过对齐亮度值，可以减少直方图映射期间可能出现的光晕伪影，从而获得更准确和高质量的颜色传输结果。

本小节提出基于梯度保持的亮度匹配方法，该方法通过输入变换后的亮度，并同时采用梯度保持技术，使色彩转换结果影像与参考影像有相似的亮度直方图，从而实现影像之间的整体亮度匹配。具体公式如下：

$$L_{\mathrm{f}} = C_{\mathrm{t}}^{-1}(C_{\mathrm{s}}(L_{\mathrm{s}})) \tag{8.22}$$

式中：L_{f} 为输出的亮度，它是通过直方图匹配转换后的中间亮度；C_{t}^{-1} 为参考影像亮度的累积直方图，C_s 为原始影像亮度的累积直方图，它们都用于将原始影像的亮度映射到参考影像；L_s 为原始影像的亮度，需要通过直方图匹配将其转换为与参考影像相似的亮度。

接下来，通过线性方程来获得输出亮度，该线性方程包括梯度正则化项，有助于减少直方图映射过程中可能出现的光晕伪影。线性方程如下：

$$[I + \lambda(D_x^\mathrm{T} D_x + D_y^\mathrm{T} D_y)]L_o = L_f + \lambda(D_x^\mathrm{T} D_x + D_y^\mathrm{T} D_y)L_s \qquad (8.23)$$

式中：I 为线性方程的单位矩阵，用于保持线性方程的结构和性质；λ 为正则化参数，有助于控制色彩转换中结果影像的平滑度；D_x 和 D_y 为梯度矩阵，分别表示影像在 x 和 y 方向上的梯度信息，通过这些梯度信息可以捕捉影像中的边缘和纹理等细节特征；L_o 为最终的输出亮度结果。

8.3.3　基于像素比例调整的地物类别匹配方法

本小节提出基于像素比例调整的地物类别匹配方法，引入对地物类别像素比例的考虑，通过获得原始影像和参考影像的不同类别像素统计信息，调整参与色彩匹配的参考影像像素数，解决色彩转换类别不平衡导致的结果不自然、色彩失真等问题，有助于确保最终结果既能保持原始影像的色彩特征，又能调整原始影像和参考影像之间色彩分布的差异[117-118]。地物结构特征是影像中的关键元素，为了维持地物结构的一致性，该方法通过调整原始影像和参考影像地物类别之间的比例关系来确保转移后的影像在视觉上更加真实和可信。基于以上理论，根据地物类别像素数比例对影像色彩转换中的映射进行调整，相关数学公式如下：

$$i = \arg\min_k P_{\mathrm{reference}}(k) \qquad (8.24)$$

$$P_{\mathrm{adjusted}}(j) = P_{\mathrm{reference}}(j) \cdot \frac{P_{\mathrm{original}}(i)}{P_{\mathrm{reference}}(i)} \qquad (8.25)$$

对于 N 类地物，每类地物的像素数量分别为 $P_{\mathrm{original}}(i)$，首先通过式（8.24）确认像素数量最少的类别 i，这是为了确保在处理多类别的情况下，每个类别调整后的像素数量不会少于参考影像中最少像素数量的类别。然后通过式（8.25）对每个类别 j，分别调整其参与色彩映射过程的像素数量。

像素比例调整的具体效果如图 8.12 所示。

（a）原始影像　　　　　（b）参考影像　　　　（c）调整前结果　　　　（d）调整后结果

图 8.12　像素比例调整前后对比图

8.3.4 基于线性变换的色域对齐方法

在基于像素比例调整的地物类别匹配方法对参与色域对齐的影像进行像素调整后，为了实现原始影像和参考影像之间的色彩信息匹配，本小节提出基于线性变换的色域对齐方法。该方法使用平均颜色值来估计它们各自颜色范围的中心，并通过移动颜色范围，确保颜色范围的中心点被调整到坐标原点的位置。这一步骤的目标是在色彩转换过程中保持颜色一致性，通过准确计算颜色范围的中心，使原始影像和参考影像之间的颜色过渡得更加平滑。具体公式如下：

$$\begin{cases} I_s = I_s - \mu_s \\ I_t = I_t - \mu_t \end{cases} \tag{8.26}$$

式中：I_s 为原始影像的色域；I_t 为参考影像的色域；μ_s 为原始影像的色域中心值；μ_t 为参考影像的色域中心值。通过估计原始影像和参考影像的中心值，以便后续对色域进行移动以实现色域对齐。

在准确计算原始影像和参考影像色彩范围的中心值后，通过矩阵线性转换的方式进行色域对齐，其中包括将色度轴的比例进行调整和绕亮度轴旋转的操作，具体来说，线性变换的参数通过两个缩放值 s_1 和 s_2 进行两个色度轴比例的调整，通过一个角度 θ，用于绕亮度轴旋转。通过该线性图像变换，可以将原始影像的色度轴旋转映射到参考影像的色域，实现色域对齐成像。具体公式如下：

$$T = \begin{vmatrix} s_1\cos\theta & -s_1\sin\theta & 0 \\ s_2\sin\theta & s_2\cos\theta & 0 \\ 0 & 0 & 1 \end{vmatrix} \tag{8.27}$$

式中：s_1 为颜色空间中控制 x 轴方向缩放的因子，s_2 为颜色空间中控制 y 轴方向缩放的因子，这两个因子用于调整颜色空间在两个色度轴上的比例，以适应影像之间的色域差异；θ 为颜色空间的旋转角度，用于调整颜色空间的方向，以更好地对齐原始影像和参考影像之间的色域。

通过优化目标成本函数，即以考虑场景照明和约束原始影像的色域来实现，以此找到最优化的影像变换矩阵 T，从而实现色彩转换的效果。具体公式如下：

$$f(T) = 2V((T \times CH_s) \oplus CH_t) - V(CH_t) - V(T \times CH_s) \tag{8.28}$$

式中：CH_s 和 CH_t 分别为原始影像和参考影像的三维空间色彩分布；V 为影像在三维空间色彩分布的体积。由于更大的体积表示更丰富的颜色分布，而较小的体积表明颜色分布相对较单一，该函数通过计算原始影像与参考影像的组合体积来判断优化的效果，最终得到变换矩阵。

在得到最佳变换矩阵后，将原始影像通过变换矩阵进行变换，将其移位回参考色域的原始中心，从而得到结果影像。具体公式如下：

$$I_o = TI_s + \mu_t \tag{8.29}$$

式中：I_o 为色彩转换最终结果影像；I_s 为原始影像，通过 T 对原始影像进行变换操作；μ_t 为参考影像色域的原始中心。三维色彩分布图如图 8.13 所示。

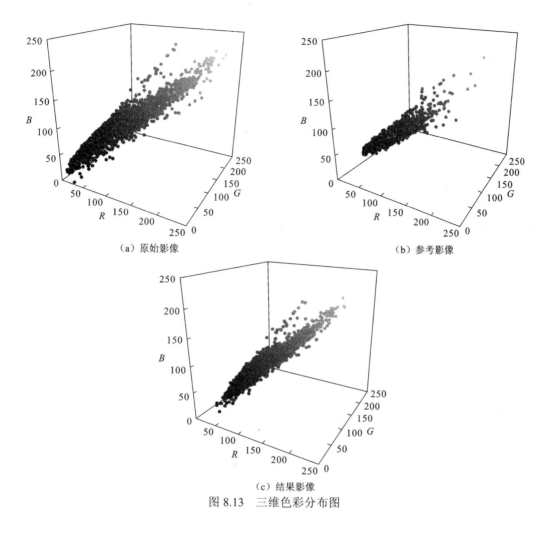

（a）原始影像　　　　　　　　（b）参考影像

（c）结果影像

图 8.13　三维色彩分布图

　　由图 8.13 可知，在色彩转换过程中，通过色彩映射匹配，原始影像的颜色分布会发生变化，在保留原始影像的结构分布基础上，趋向于参考影像的分布。

8.4　本　章　小　结

　　本章具体阐述了基于区域生长合并与特征匹配提取的自适应色彩转换方法的内容架构，首先介绍了针对小块区域的连通合并方法的预处理模型，然后具体介绍了图像纹理特征比较与匹配提取框架的流程，最后重点论述基于像素比例的自适应色彩转换方法的原理，基于本章方法实现了遥感影像不同地物类型区域的匹配，获得了更好的遥感影像色彩转换效果。

第 9 章

遥感影像自适应色彩处理
实验分析

9.1　实验数据集

LoveDA 数据集[119]是一个包含来自中国三个不同城市的 5 987 幅高空间分辨率（high spatial resolution，HSR）影像和 166 768 个注释对象的遥感数据集，这个数据集的独特之处在于它涵盖了城市和农村两个区域，呈现出多类型地物、复杂背景样本以及不同色彩风格等特点。LoveDA 数据集提供丰富的地理信息，适用于多种遥感地物分类任务，图像来源于南京、常州和武汉，总面积达 536.15 km^2，覆盖 18 个不同的行政区。不同区域地物分布的特点也随之不同，城市区域涵盖了建筑物和道路等人工地物，而农村区域则包含了更多的自然元素，如森林和水体，这种多样性为各种遥感影像任务提供了广泛的应用可能性。

LoveDA 数据集的优势在于它包含真实的城市和农村遥感影像，更能够真实地反映实际地物类别情况，这种多样性使数据集更具代表性。此外，数据集中存在多尺度的对象，同一类别中的对象在不同地理景观中存在，增加了尺度的变化，为评估分割算法性能提供了更加丰富的场景。LoveDA 数据集还提供了复杂的背景样本，包括高分辨率和不同复杂场景，为背景样本提供了丰富的细节和更大的类内差异。因此，LoveDA 数据集不仅适合为评估图像分割方法提供数据参考，同时具有城市与农村的不同色彩风格的图像，为色彩转换的实验提供了数据支持。

本节旨在对遥感影像中的地物类别进行粗分类，而不深入进行细致的分类。粗分类的主要目的在于将数据集中地物大类如道路与建筑、树林和耕地等进行归类处理，这种粗分类的方式可以获得影像间不同地物类别对应的像素比例关系，有助于解决全局色彩转换中由原始影像与参考影像地物分布信息不匹配及地物类别不平衡造成的整体颜色偏移、局部地物色彩失真等问题。实现这种粗分类的关键在于统计每一种大类像素块所对应的像素统计信息，通过这样的处理方式，可以有效地进行影像不同地物的粗略分类，而不会深陷在细节之中。这种方法有助于提高处理效率，同时确保地物类别的一致性和准确性。

由于目前应用于色彩转换的遥感数据集中包含的大多为高空遥感的低分辨率影像，适用于地物粗分类和色彩转换应用场景的小范围高分辨率遥感影像数据集相对较少，同时为了突显方法的泛化性，本节使用谷歌影像自制了一个小型数据集，其中包含 30 幅来自湖北省武汉市的影像，每幅影像大小均为 800×800。

9.2　实验评价指标

9.2.1　图像分割评价指标

图像分割质量评价是指对图像分割方法生成的分割结果进行定量或定性评估的过

程，在图像分割任务中，分割质量评价的目的是衡量分割方法对图像中不同类型地物区域的准确性、一致性和鲁棒性，本小节主要采用整体准确度（overall accuracy，OA）、平均交并比（mean intersection over union，MIoU）、分割准确评估度（segmentation accuracy evaluation，SAE）三项指标[120-121]对图像分割算法的性能进行定量评估。

整体准确度（OA）是一个常用于评估分类方法性能在多类别分类问题中的指标，由于它是通过对所有类别正确分类的样本数量占总样本数量的比例来衡量整体分类准确度，这种计算方式将使该指标直观并易于理解。在遥感影像中，由于不同类别的像素数量可能存在巨大差异，这会形成类别不平衡的情况，而整体准确度指标能够综合考虑所有类别，而不受不平衡数据分布的影响。例如，即使在一张遥感影像中植被像素只占总像素的 10%，非植被像素占 90%，OA 仍能综合考虑两类的分类准确性，提供整体的方法性能评估。整体准确度的相关公式如下：

$$OA = \frac{\sum_{k=1}^{N} TP_k}{\sum_{k=1}^{K} TP_k + FP_k + TN_k + FN_k} \tag{9.1}$$

式中：N 为遥感图像中的不同地物类别的总数，如水体、森林、建筑等，N 同样表示混淆矩阵的行数和列数，在图像分割问题中，通常 K 与 N 相等，代表每个地物类别对应混淆矩阵的一行和一列；TP_k 为方法正确地将属于第 k 个类别的像素预测为该类别的数量；FP_k 为方法错误地将不属于第 k 个类别的像素预测为该类别的数量；TN_k 为方法正确地将不属于第 k 个类别的像素预测为该类别的数量；FN_k 为方法错误地将属于第 k 个类别的像素预测为该类别的数量。

平均交并比（MIoU）是一种用于评估遥感影像阈值分割地物分类的准确率的指标，对于每个地物类别，MIoU 计算其每一类单独的交并比（IoU），即真实分割与实际分割区域的并集与交集的比值。然后，将各类别的 IoU 取平均值，得到 MIoU 值，代表整体分割的准确性。该指标综合考虑不同地物类别之间的重叠程度，提供对分割结果全局性能的评估。在应用场景中，通过 MIoU 可以更全面地了解遥感影像阈值分割的地物分类效果，为模型性能的综合评估提供有力的量化指标。平均交并比的相关数学公式如下：

$$IoU_i = \frac{TP_i}{TP_i + FP_i + FN_i} \tag{9.2}$$

$$MIoU = \frac{1}{C} \sum_{i=1}^{C} IoU_i \tag{9.3}$$

式中：IoU_i 为每个地物类别的真实分割区域与实际分割区域的重叠程度，将各类别的 IoU_i 求平均，得到一个综合的评估指标 $MIoU$，用于全局性地衡量整体分割的准确性，同时考虑了不同类别之间的性能表现。

相较于 OA 指标，MIoU 指标更加细致地考察了每个类别的分割效果，它对每个类别计算 IoU，进而取各类别 IoU 的平均值，MIoU 为处理不平衡类别分布、关注特定类别的性能提供了更灵活的手段，在图像分割的结果评估中，能更好地反映这些差异。

采用分割准确评估度（SAE）来评价应用于不同地物类别的图像分割效果[122]，通过随机选择，在每幅图像中均匀抽取若干个检查点作为采样位置，旨在确保广泛覆盖整个图像空间，有效代表整体分割效果。随后，使用图像的分割结果和实际分割结果进行基于概率的比较，以全面评估阈值分割的精度：

$$SAE = \frac{K}{Total} \tag{9.4}$$

式中：K 为一个与采样位置相关的系数，代表被均匀选择的正确类别检查点的数量；$Total$ 为采样检查点的总数。SAE 反映采样过程的准确性，以及采样点对整体评估的重要性，SAE 的值越大，表示采样过程越准确、分割精度越高。

9.2.2 色彩转换评价指标

色彩转换质量评价是指对色彩转换过程中保持或改变颜色特征的准确性和保真度进行评估的过程，这种评价通常涉及主观评价和客观评价两方面。主观评价是一种通过被试者的主观反馈来评估结果的方法，在图像处理和视觉感知领域中，主观评价通常用于测量人类感知系统对图像、视频或其他感知体验的主观感受。客观评价是通过使用计算机的客观标准来测量和评估某种质量、性能或特征的方法，相较于主观评价，客观评价不依赖个体主观感受，而是通过客观的数值或指标来量化和分析被评估对象的特定属性。本小节以颜色相似性、整体和谐度作为主观评价的指标，以颜色偏差、结构相似度及特征相似度作为客观评价的指标。

在图像的色彩转换中，色彩相似度是指转移后的图像与原始影像之间在颜色方面的相似程度，这涉及保持图像的颜色分布、色调、饱和度等特征，以确保转换后的图像在视觉上仍然具有与原始影像相似的颜色外观。具体标准如表 9.1 所示。

表 9.1 色彩相似度评价表

分数	普通尺度	专业尺度
10	图像色彩相似	高度相似
8	不相似但不妨碍观看	相似
6	不相似稍有妨碍观看	一般相似
4	不相似妨碍观看	较低相似
2	不相似严重妨碍观看	差异明显

图像和谐度通常指的是生成的图像在视觉上是否显得协调和谐，这包括颜色的平衡、对比度、亮度等因素，以确保结果影像自然而不失平衡。具体标准如表 9.2 所示。

表 9.2　图像和谐度评价表

分数	普通尺度	专业尺度
10	图像整体和谐	高度和谐
8	不和谐但不妨碍观看	和谐
6	不和谐稍有妨碍观看	一般和谐
4	不和谐妨碍观看	较低和谐
2	不和谐严重妨碍观看	差异明显

在遥感影像色彩转换中，颜色偏差（ΔE）可以作为一种评价指标，用于衡量结果影像与参考影像之间的颜色差异，它可以通过计算结果影像的实际颜色与参考影像标准颜色之间的差异来衡量，通常可以在色彩空间中进行表示，如 CIELAB 色彩空间。相关公式如下：

$$\Delta E_{76} = \sqrt{(L_2^* - L_1^*)^2 + (a_2^* - a_1^*)^2 + (b_2^* - b_1^*)^2} \qquad (9.5)$$

式中：L_2^*、a_2^*、b_2^* 为结果影像实际颜色的色彩空间坐标；L_1^*、a_1^*、b_1^* 为参考影像标准颜色的色彩空间坐标；ΔE_{76} 为 CIE76 颜色偏差指标，表示实际颜色与标准颜色之间的颜色差异，它是通过计算实际颜色与标准颜色在 CIELAB 色彩空间中的欧氏距离得到的，这个值越大，说明实际颜色与标准颜色之间的差异越大。

在色彩转换中，可以用结构相似度指数测量（structural similarity index measurement，SSIM）指标来评估原始影像与结果影像之间的相似性和一致性。与传统的峰值信噪比（peak signal to noise ratio，PSNR）等指标不同的是，SSIM 加入了影像间的感知差异的考虑，并且可在比较亮度、对比度和结构成分时提供更全面的评估[123]。该指标以局部统计信息为基础，在局部窗口内度量图像相似性，并且考虑空间非平稳性、空间变异失真及人类视觉系统的有限分辨率感知，通过局部应用生成的图像空间变化质量图，能够提供更详细的质量退化信息。由于 SSIM 对图像的局部细节变化更为敏感，这种敏感性对捕捉图像中地物对象的边缘和细节信息非常有益。总体而言，SSIM 更符合人类主观感知，在图像分割评价中能够更有效地反映图像结构和细节的变化。SSIM 的具体计算公式如下：

$$\text{SSIM}(x, y) = \frac{(2\mu_x\mu_y + C_1) \cdot (2\sigma_{xy} + C_2)}{(\mu_x^2 + \mu_y^2 + C_1) \cdot (\sigma_x^2 + \sigma_y^2 + C_2)} \qquad (9.6)$$

式中：在原始影像中亮度可以表示每个区域分割的整体强度，而 μ_x 和 μ_y 分别为分割结果和真实分割的亮度均值，考虑对比度的差异可以更好地衡量结果影像中各个区域的边界清晰度，式中加入了 σ_x^2 和 σ_y^2，即结果影像和原始影像的对比度方差。通过 σ_{xy} 表示结果影像和原始影像之间亮度的协方差，用于衡量它们在结构上的相似性。

特征相似度指数测量（feature similarity index measure，FSIM）[124]通常作为一种色彩转换评估独特的度量工具，它主要利用相位一致性（phase congruency，PC）和梯度幅度（gradient magnitude，GM）作为其核心特征，通过这些特征来准确捕捉图像质量的细微变化。在 FSIM 的计算过程中，相位一致性被赋予主要特征的角色，这是因为它在高相位一致性的点上具有高度信息性和一致性，从而能够有效地反映图像的局部质量，同时，梯度幅度被用作 FSIM 的次要特征，主要用于编码对比度信息。FSIM 具体的计算公式如下：

$$S_{PC}(x) = \frac{2PC_1(x)PC_2(x) + T_1}{PC_1^2 + PC_2^2 + T_1} \tag{9.7}$$

$$S_{GM}(x) = \frac{2G_1(x)G_2(x) + T_2}{G_1(x)^2 + G_2(x)^2 + T_2} \tag{9.8}$$

$$FSIM = \frac{\sum_{x \subset \Omega}[S_{PC}(x)]^\alpha [S_{GM}(x)]^\beta PC_m(x)}{\sum_{x \subset \Omega} PC_m(x)} \tag{9.9}$$

式中：$S_{PC}(x)$ 为原始影像的结构相似性；$S_{GM}(x)$ 为结果影像的结构相似性；$PC_1(x)$、$PC_2(x)$、$G_1(x)$、$G_2(x)$ 为原始影像和结果影像在不同尺度上的结构信息，有助于确保转移后的图像保留原始影像的细节信息；T_1 和 T_2 为平移因子，用于控制结构相似性的偏置；$PC_m(x)$ 为原始影像的局部对比度，α 和 β 为用于调整结构相似性和局部对比度之间的参数，通过适当地选择 α 和 β 的值，可以更好地平衡结构相似性和颜色保真度之间的关系；Ω 为图像的像素空间，即图像中所有的位置。

9.3　基于残差估计的山地瞪羚阈值分割实验结果分析

在图像分割方法的实验结果分析方面，与 RWT-FCM 和 CR-MGO 两类中间过程方法及相关图像阈值分割对比算法相比较，这些图像阈值分割算法包括基于模糊熵的多级图像阈值差分进化（fuzzy entropy based multi-level image thresholding using differential evolution，DE-FE）方法、基于哈里斯鹰的分割（Harris hawks-inspired segmentation，MCET-HHO）方法、多级阈值和声搜索方法（harmony search algorithm-multilevel thresholding，HSA-MT）、基于改进金豺优化（improved golden jackal optimization，HGJO-MT）的方法、基于蜣螂优化器的多级阈值（dung beetle optimizer-multilevel thresholding，DBO-MT）分割方法、基于山地瞪羚优化的阈值法（MGO-MT）[125-128]。这些方法大多旨在自动化阈值优化的过程，具体为按照目标函数的不同需求，通过充分利用了图像的统计特性等信息内容，以搜索算法找到最佳的分割阈值，从而提高分割效果的准确性和效率。本节从数据集中挑选三种不同类型实验图像用来进行实验方法的结果分析，分别为单级两类图像、双级三类图像及三级四类图像，根据图像粗分类的原则，单级两类图像主要区分地物为建筑与绿地，双级三类图像主要区分地物为建筑、绿地及水体，三级四类图像主要区分地物为建筑、绿地、水体及空地，以作为后续实验的分析对象。

9.3.1　定性实验分析

图 9.1 为不同图像分割方法对单级两类图像的效果图。图 9.1（a）和（b）分别为

单级两类待分割图像和单级两类数据集分割标签图像，图 9.1（c）～（h）分别为 6 种图像阈值分割方法求阈值的分割结果图像，图 9.1（i）和（j）则为本书提出的 RWT-FCM 和 CR-MGO 两类中间过程方法。通过对单级两类图像分割结果的观察，注意到在一些方法中，如 MCET-HHO、HGJO-MT、DBO-MT 及 MGO-MT，存在分割效果较差的情况，这主要表现在图像中存在光谱变化平缓的区域，导致建筑与绿地之间的灰度值相近或重叠。因此，这些方法会误将大片的绿地区域错误地分类为建筑。此外，一些方法（如 HSA-MT）虽然避免了上述问题，但忽略了建筑中的细节，由于建筑物可能由不同材质构成，而这些材质在遥感影像中表现出不同的灰度值强度，这些方法未能捕捉到建筑细节的灰度差异，从而错误地将一部分建筑区域分类为绿地。虽然 DE-FE、MGO-MT 及 RWT-FCM 方法对上述问题有所改善，但是综合分割效果仍低于本书所提方法的最终分割结果。

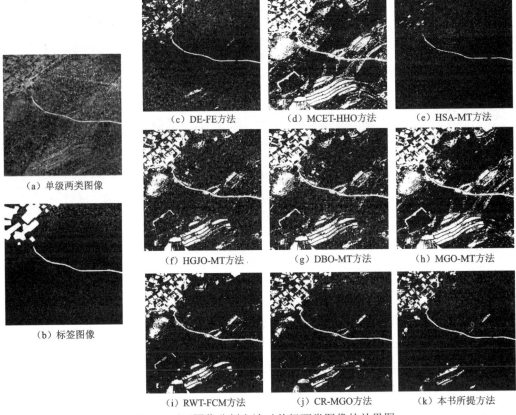

图 9.1　不同图像分割方法对单级两类图像的效果图

　　图 9.2 为不同图像分割方法对双级三类图像的效果图。图 9.2（a）和（b）分别为双级三类待分割图像和双级三类数据集分割标签图像，图 9.2（c）～（h）分别为与本书所提方法相比较的 6 种图像阈值分割方法求阈值的分割结果图像。通过对双级三类图像分割结果的观察，图 9.2（d）～（i）存在较为严重的水体误分类现象，这是因为遥感影像中阴影区域水体表面的反射率较低，尤其是在深水区域，并且阴影区域由于遮

挡光照等条件而呈现较暗的颜色,这使得阴影和水体在光谱上呈现相似的特征。图 9.2 (c)和(j)在水体分类方面虽有所改善,但是将大部分建筑分成了绿地,忽略了其他地物特征。

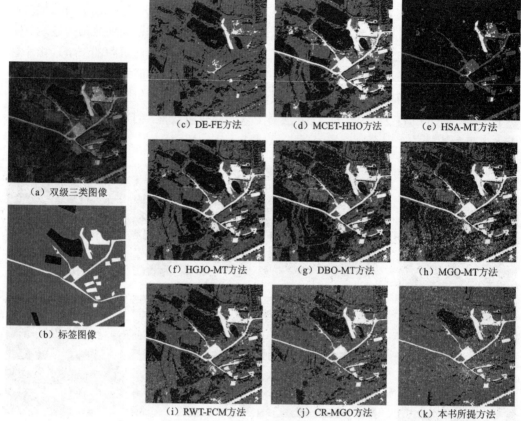

(a)双级三类图像

(b)标签图像

(c) DE-FE方法   (d) MCET-HHO方法   (e) HSA-MT方法

(f) HGJO-MT方法   (g) DBO-MT方法   (h) MGO-MT方法

(i) RWT-FCM方法   (j) CR-MGO方法   (k)本书所提方法

图 9.2   不同图像分割方法对双级三类图像的效果图

图 9.3 为不同图像分割方法对三级四类图像的效果图。图 9.3(a)和(b)分别为三级四类待分割图像和三级四类数据集分割标签图像,图 9.3(c)~(h)分别为与本书所提方法相比较的 6 种图像阈值分割方法求阈值的分割结果图像。通过对三级四类图像分割结果的观察,图 9.3(c)、(e)、(g)、(h)无法有效区分绿地与水体之间相近的光谱特征而将大面积的绿地误分为水体,而在图 9.3(d)中房屋会被大部分空地的类别占据,并且建筑物边缘附近的边界出现不连续断裂的情况,使建筑分割结果不完整,对于这种受噪声干扰较大的情况,需要后续进行处理。相比之下,图 9.3(f)、(i)、(j)、(k)方法的结果呈现逐步改善的效果,但是仍旧存在建筑与空地混淆的情况。

总体来说,本书涉及的中间方法 CR-MGO 和 RWT-FCM 及最终结果在实验三种情况下通过合适的阈值获得的分割结果是较为良好的,但是由于阈值分割方法本身的局限性,对光照和噪声等条件的变化较为敏感,所以存在导致分割结果中出现边缘毛刺、长而突出的边缘和非边缘孤立点等情况。

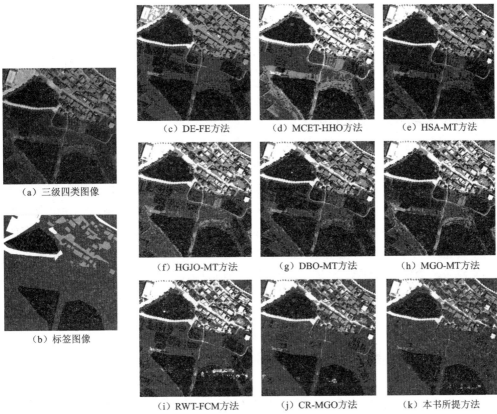

（a）三级四类图像

（b）标签图像

（c）DE-FE方法

（d）MCET-HHO方法

（e）HSA-MT方法

（f）HGJO-MT方法

（g）DBO-MT方法

（h）MGO-MT方法

（i）RWT-FCM方法

（j）CR-MGO方法

（k）本书所提方法

图 9.3　不同图像分割方法对三级四类图像的效果图

9.3.2　定量实验分析

本小节通过 OA、MIoU 及 SAE 指标对图像分割相关的实验方法进行定量指标评价，具体结果如表 9.3 所示。

表 9.3　不同图像分割方法的定量评价指标表

图像	指标	DE-FE	MCET-HHO	HSA-MT	HGJO-MT	DBO-MT	MGO-MT	RWT-FCM	CR-MGO	本书所提方法
单级两类图像	OA	0.939	0.716	0.940	0.846	0.816	0.767	0.883	0.917	0.934
	MIoU	0.610	0.424	0.524	0.530	0.503	0.462	0.569	0.607	0.624
	SAE	0.930	0.695	0.946	0.801	0.773	0.732	0.839	0.880	0.914
双级三类图像	OA	0.737	0.596	0.124	0.625	0.526	0.476	0.678	0.835	0.905
	MIoU	0.367	0.385	0.089	0.415	0.376	0.352	0.456	0.552	0.622
	SAE	0.718	0.636	0.568	0.655	0.607	0.587	0.686	0.786	0.866
三级四类图像	OA	0.672	0.573	0.565	0.659	0.592	0.532	0.679	0.827	0.860
	MIoU	0.477	0.368	0.426	0.430	0.408	0.336	0.410	0.589	0.643
	SAE	0.686	0.636	0.653	0.665	0.654	0.624	0.692	0.780	0.802

在单级两类图像分割评价中，MCET-HHO 和 MGO-MT 方法呈现出较低的指标精度和分割效果，结合表中数据来看，HGJO-MT、DBO-MT、RWT-FCM 及 CR-MGO 方法虽在分割表现上与 MCET-HHO 和 MGO-HT 方法相比有所改善，在一定程度上综合考虑了建筑的光谱特征，这一点可以从它们的总体精度显著高于 MCET-HHO 和 MGO-HT 方法看出。虽然 HSA-MT 方法各个指标基本高于其他方法，但是该方法在噪声及边缘等因素的处理上存在不足，导致其在建筑边缘处理等方面表现不佳。由图 9.1 可知，HSA-MT 方法过度地将建筑物分为了绿地，进一步突显了其在实际应用中对建筑物分割的边缘处理能力的不足，这表明 HSA-MT 方法在应对复杂光谱特征的建筑物分割中存在一定的局限性，需要在实际应用中慎重考虑其适用性。此外可以注意到，DE-FE 和 HSA-MT 方法的 MIoU 指标是低于本书所提方法的，这是因为指标掩盖了在少数类别上性能的不足，对于类别不均衡的情况，MIoU 指标提供了更为细致和全面的性能评估，因此需要综合考虑 OA 和 MIoU 两个指标。

在双级三类图像分割评价中，针对 OA、MIoU 及 SAE 关键指标，HSA-MT 方法表现最差，这主要是该方法倾向于将大量绿地与水体相互混淆，导致整体分类准确度较低。由表 9.3 可知，DE-FE 方法取得较高的 OA 及 SAE 值，但是 MIoU 值较低，这表明其在整体上具有更出色的分类效果，对于单独类别的分类结果不理想。

在对三级四类图像分割方法评价中，对于 OA、MIoU、SAE 这些指标，MGO-MT 方法表现最差，而本书所提方法则表现最佳。由图 9.3 可知，MGO-MT 方法未能有效地捕捉不同类别之间的特征关系，如水体与绿地、房屋与空地等。此外可以观察到，在这种分类应用场景下，各方法指标呈现出整体平稳但数值普遍较低的现象，这表明所有方法在保持图像结构和细节方面都存在一定困难，从而导致指标值相对较低。

综上所述，通过对指标的计算和综合比较，虽然在某些情况下中间过程方法不具备明显优势，然而本书所提方法在各种情况下展现出更为优越的综合性能，相较于其他对比实验方法更为出色，从结果指标评价的角度而言，具备更高的性能和效果。

9.3.3 稳健性实验分析

本小节随机从单级两类、双级三类与三级四类三种不同类型的遥感影像数据集中选取 6 张图像，通过将本书所提方法与其他图像分割对比方法在这些图像中处理的分割结果指标整体准确度（OA）来构成箱线图，用以探索各个方法的稳健性。箱线图由 5 个部分组成：①最小值是指表示箱线图的下边缘的值，代表在某种类型图像下某方法性能的最差情况；②下四分位数是指箱线图的底部边缘到箱体底部的值，即对应方法效果的低位集中趋势；③上四分位数是指箱线图的箱体上边缘到底部边缘的值，即对应方法效果的高位集中趋势；④最大值是指表示箱线图的上边缘的最大值，代表在某种类型图像下某方法性能的最差情况；⑤中值是指箱线图中的中线值，看作对数据的中心趋势的度量，中值对评价方法的性能更具代表性，因为它不受异常值的影响。

通过箱线图分析可知，在性能比较方面，HSA-MT 方法在最高性能点达到 94%，略高于本书所提方法。值得注意的是，HSA-MT 方法的箱线图分布范围相对较大，在某些情况下表现出适应性较差的特点。相较之下，DE-FE 方法在整体准确度方面呈现较高的均值，最高性能可达 93.9%。然而，由图 9.4 可知，DE-FE 方法的下四分位数和最小值相对于本书所提方法表现不理想，存在一些性能的波动。本书所提方法在性能表现上呈现出相对稳健的特点，尽管在某些情况下出现低性能，但整体性能的变化幅度较小。

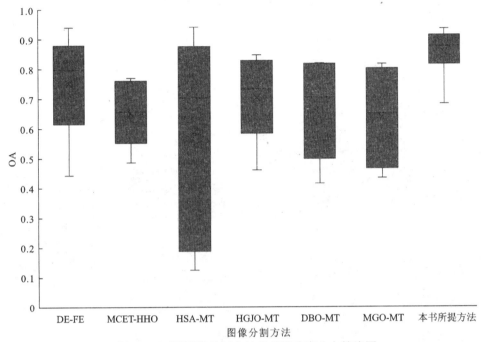

图 9.4　不同图像分割方法整体准确度分布箱线图

不同图像分割方法处理得到的整体准确度均值如表 9.4 所示，由表可知，HSA-MT 方法平均 OA 值小于 60%，MCET-HHO、DBO-MT 及 MGO-MT 方法的平均 OA 值小于 70%，DE-FE 与 HGJO-MT 方法平均 OA 值较高，但是均低于本书所提方法的 85.5%，这说明本书所提方法在应对不同的粗分类需求情况时，具有一定的稳健性和适应性，在遥感影像地物粗分类的应用场景中具有较好的性能。

表 9.4　不同图像分割方法整体准确度均值表

项目	DE-FE	MCET-HHO	HSA-MT	HGJO-MT	DBO-MT	MGO-MT	本书所提方法
OA/%	75.1	64.9	58.8	70.3	66.4	63.7	85.5

基于以上结果可知，本书所提方法具有良好的性能稳健性和适应性，可为解决遥感影像粗分类问题提供可靠的性能基准。

9.3.4　消融实验分析

本小节实验的主要目标在于深入阐明基于残差估计的山地瞪羚阈值优化算法中每个核心模块的贡献和有效性。为了达到这一目标，本小节进行核心方法消融实验，特别关注基于残差估计的阈值迭代聚类算法（RWT-FCM）、基于先验阈值的山地瞪羚优化与反向探索算法（CR-MGO）及基于像素分布信息的阈值修正方法（PDIT）三个核心方法，它们分别在整个方法中的作用如下：①RWT-FCM 以先验阈值作为 FCM 的初始聚类中心，结合残差驱动的聚类分割可以有效实现噪声的处理，得到对噪声更加稳健的分割阈值；②CR-MGO 通过将元启发式算法的优越性能和探索能力与修正阈值的求解目标函数有机结合，以最大限度得到最优阈值；③通过 PDIT 考虑不同地物对应像素之间的比例关系，对阈值进行最后的改进。

本小节选取三级四类分割实验图像，对各个核心方法进行组合和比较，并以 MIoU 指标进行图像分割的整体性能评估，具体的可视化结果和指标评价如图 9.5 和表 9.5 所示。

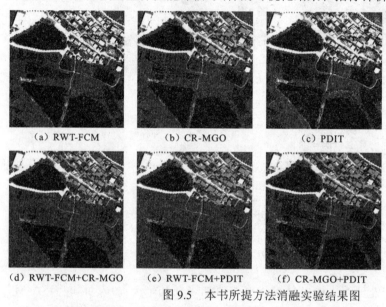

（a）RWT-FCM　　　　（b）CR-MGO　　　　（c）PDIT　　　　　　　　　（g）本书所提方法

（d）RWT-FCM+CR-MGO　　（e）RWT-FCM+PDIT　　（f）CR-MGO+PDIT

图 9.5　本书所提方法消融实验结果图

表 9.5　本书所提方法消融实验指标评价表

组合	RWT-FCM	CR-MGO	PDIT	MIoU
①	√			0.410
②		√		0.514
③			√	0.373
④	√	√		0.589
⑤	√		√	0.595
⑥		√	√	0.521
本书所提方法	√	√	√	0.643

由以上结果分析可知，本书所提方法在综合性能上超过了各个核心方法的简单组合。随着核心方法数量的增加，图像分割的效果逐步改善。在核心方法的有效性方面，CR-MGO 方法的引入带来了最显著的性能提升，其次是 RWT-FCM 方法，而 PDIT 方法则产生了最后的影响。这一结果验证了本书所提方法设计的合理性，同时也突显了各个方法之间的协同作用。

9.3.5 其他数据集实验分析

为了评估方法应对不同类别图像粗分类情况下效果的泛化性，本小节自制针对地物粗分类的谷歌遥感影像数据集，并从该数据集中根据粗分类的不同类别需求，针对 RWT-FCM 方法、CR-MGO 方法及本书所提方法进行粗分类实验结果分析。具体实验结果如图 9.6 所示。

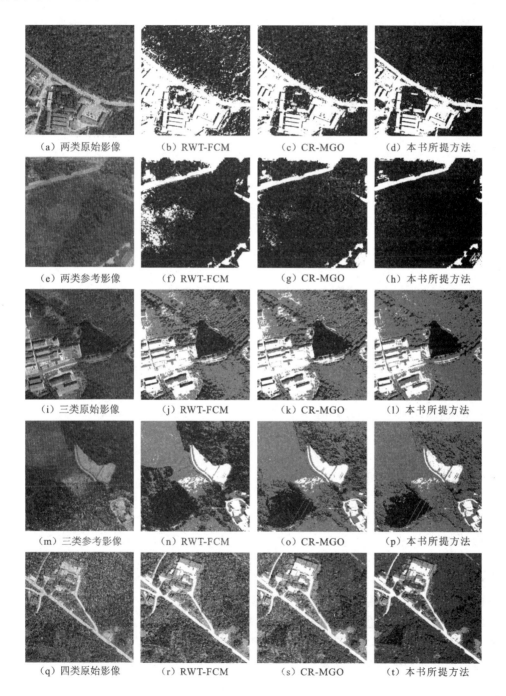

|（a）两类原始影像|（b）RWT-FCM|（c）CR-MGO|（d）本书所提方法|

|（e）两类参考影像|（f）RWT-FCM|（g）CR-MGO|（h）本书所提方法|

|（i）三类原始影像|（j）RWT-FCM|（k）CR-MGO|（l）本书所提方法|

|（m）三类参考影像|（n）RWT-FCM|（o）CR-MGO|（p）本书所提方法|

|（q）四类原始影像|（r）RWT-FCM|（s）CR-MGO|（t）本书所提方法|

（u）四类参考影像　　（v）RWT-FCM　　　（w）CR-MGO　　　（x）本书所提方法

图 9.6　图像分割方法在其他数据集上的实验结果图

在遥感影像粗分类的图像分割实验涉及对三种不同粗分类情景的图像进行分析：单级两类图像、双级三类图像及三级四类图像。在这些情景中，选择每种情景下的两张图像，它们分别为后续色彩转换所需的原始影像和相应的参考影像。观察图 9.6 可知，与核心模块化方法（RWT-FCM 及 CR-MGO）相比，本书所提方法在不同类别的地物粗分类中展现出了出色且稳定的分割效果，对于水体、绿地、建筑及空地等不同地物类别，在粗分类任务中均表现出良好的适应性和稳健性，展现出优越的分割性能。这表明本书所提方法能够灵活适用于不同的地物分类对象，可为遥感影像粗分类任务提供可靠的解决方案。

9.4　基于区域生长与特征匹配的自适应色彩转换实验结果分析

在色彩转换方法的实验结果分析方面，本节从客观和主观两个角度出发，其中客观分析包括定性与定量分析，对单级两类、双级三类及三级四类三种不同类型遥感影像的色彩转换效果进行实验结果分析，每种情况选取原始影像和参考影像用本书所提方法进行色彩转换，并将实验结果与 Reinhard 等[50]、Xiao 等[6]、MKL（monge-kantorovitch linear）、IDT（image distribution transfer）、RIDT（regrain image distribution transfer）、TMR（transportation map regularization）及 L2_RCT（L2 robust color transfer）共 7 种方法[129-135]相比较，具体实验结果分析如下。

9.4.1　定性实验分析

在色彩转换的过程中，可以通过 RGB 直方图对图像量化分析。一方面，由于不同地物类别在遥感影像中通常呈现出特定的色彩特征，它可以准确识别原始影像和参考影像中各地物类别的颜色分布情况。另一方面，由于不同地物类别也具有不同的像素数量分布，它也可以确保转移后的图像地物类别的分布比例与参考影像相符，具体参与色彩转换不同类型原始影像和参考影像如图 9.7 所示。

由于本书旨在解决色彩转换中因整体颜色偏移等问题引发的地物类别不平衡，而地物类别不平衡的本质就是图像的色彩信息分布的不同，因此本实验选择的原始影像和参考影像之间存在明显的色彩特征和像素分布差异。色彩转换实验图像 RGB 分布直方图如图 9.8 所示。

（a）单级两类原始影像

（b）双级三类原始影像

（c）三级四类原始影像

（d）单级两类参考影像

（e）双级三类参考影像

（f）三级四类参考影像

图 9.7　色彩转换不同类型实验图像

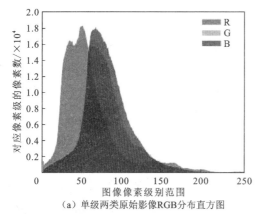
（a）单级两类原始影像RGB分布直方图

（b）双级三类原始影像RGB分布直方图

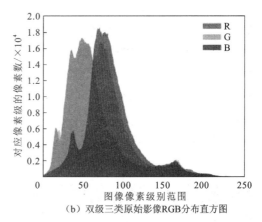
（c）三级四类原始影像RGB分布直方图

（d）单级两类参考影像RGB分布直方图

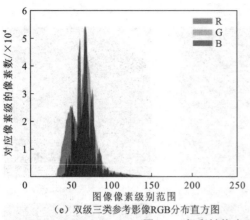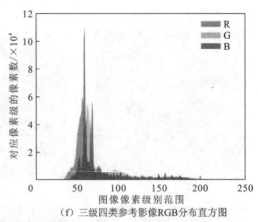

（e）双级三类参考影像RGB分布直方图　　　（f）三级四类参考影像RGB分布直方图

图 9.8　色彩转换实验图像 RGB 分布直方图

由双级三类参考影像及相应 RGB 分布直方图可知，图像中红色的建筑面积相对较少，绿地面积较大，因此 R 通道的像素数在各个像素级普遍较低。同时，由图 9.8 可以直观地发现，原始影像普遍直方图覆盖面积较大、像素级范围较广，而参考影像所覆盖的颜色区域较窄，这会导致原始影像的颜色分布信息无法准确映射到参考影像的颜色空间中，很容易出现地物颜色偏移和失真的情况，这对色彩转换方法也提出了更高的要求。

图 9.9 为不同色彩转换方法对单级两类图像效果图。图 9.9（a）和（b）分别为单级两类原始影像和参考影像，图 9.9（c）～（i）分别为与本书所提方法相比较的 7 种色彩转换方法的对比实验结果图像，图 9.9（j）为本书所提方法的自适应色彩转换结果图。通过对单级两类图像色彩转换结果的观察，可以发现图 9.9（h）在处理对绿地和建筑的色彩分布关系时存在准确性估计不足的问题，从而引发了显著的颜色错乱情况。图 9.9（c）的方法在处理过程中过度突显了绿地的色彩特征，导致整体图像在黄色和绿色方面过度受到绿地影响，造成整体颜色失真。图 9.9（d）和（e）在亮度和对比度的调整中未能有效地维持建筑物的自然感觉，反而使其鲜艳度过高，损害了图像

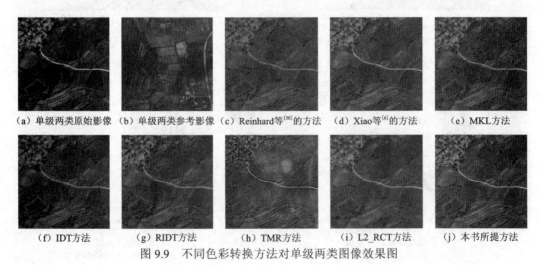

（a）单级两类原始影像　（b）单级两类参考影像　（c）Reinhard等[50]的方法　（d）Xiao等[6]的方法　（e）MKL方法

（f）IDT方法　　　（g）RIDT方法　　　（h）TMR方法　　　（i）L2_RCT方法　　　（j）本书所提方法

图 9.9　不同色彩转换方法对单级两类图像效果图

的整体视觉效果。图 9.9（i）的方法在处理中未能充分保留原始影像中建筑物的纹理信息，导致建筑物边缘和细节容易丢失，产生感官上的模糊效果。此外，图 9.9（f）和（g）的方法在建筑类别的处理时缺乏鲜艳度，导致图像暗淡或缺乏生动性。

图 9.10 为不同色彩转换方法对双级三类图像效果图。图 9.10（a）和（b）分别为双级三类原始影像和参考影像，图 9.10（c）～（i）分别为与本书所提方法相比较的 7 种色彩转换方法的对比实验结果图像，图 9.10（j）为本书提出的自适应色彩转换方法。通过对双级三类图像色彩转换结果的观察，图 9.10（d）、（e）、（h）的方法在局部颜色信息方面存在不足，导致颜色失序，并错误识别了建筑和其他地物之间的匹配关系及色彩映射关系。在颜色匹配时，图 9.10（c）和（f）受亮度不一致的影响，整体图像的亮度偏暗，并且图像对比度较低，导致地物之间细节区分不显著。图 9.10（i）的方法存在色彩空间的偏移，特别是在绿色通道的映射方面，导致绿地颜色过于饱和，与真实世界中的颜色失去一致性。相较之下，图 9.10（g）的方法表现较为良好，然而由于其对比度偏低，最终呈现的色彩略显平淡。

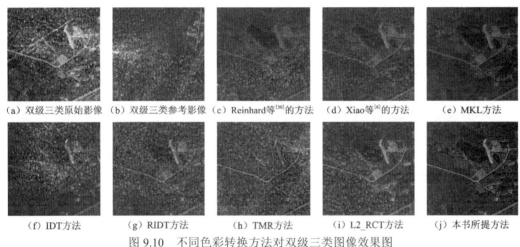

（a）双级三类原始影像　（b）双级三类参考影像　（c）Reinhard等[50]的方法　（d）Xiao等[6]的方法　（e）MKL方法

（f）IDT方法　　　（g）RIDT方法　　　（h）TMR方法　　　（i）L2_RCT方法　　　（j）本书所提方法

图 9.10　不同色彩转换方法对双级三类图像效果图

图 9.11 为不同色彩转换方法对三级四类图像效果图。图 9.11（a）和（b）分别为三级四类原始影像和参考影像，图 9.11（c）～（i）分别为与本书所提方法相比较的七种色彩转换算法的对比实验结果图像，图 9.11（j）为本书所提方法的自适应色彩转换结果图。通过对三级四类图像色彩转换结果的观察，图 9.11（d）、（e）、（h）、（i）的方法依旧没有很好地保留地物间色彩映射的正确关系。图 9.11（f）和（g）的方法结果中部分地物之间的边界信息未能有效地保留，导致相邻绿地块的颜色过渡变得过于平滑，使相邻绿地块的边界区分度不足从而感官上失去层次感。图 9.11（c）未能很好地保留原始影像的对比信息，使图像整体显得较为平淡，缺乏鲜明的色彩。

综上所述，本小节通过调整参考影像不同类别地物的像素数以匹配原始影像的方式，可以有效避免地物不平衡带来的颜色失真的问题，实现整体色彩风格的迁移，但是也存在一些问题：首先，本书所提方法通过牺牲了参考影像中参与色彩转换的地物像素数，来平衡参考影像的像素损失和着色效果这两个方面，但这也会使转换过程中

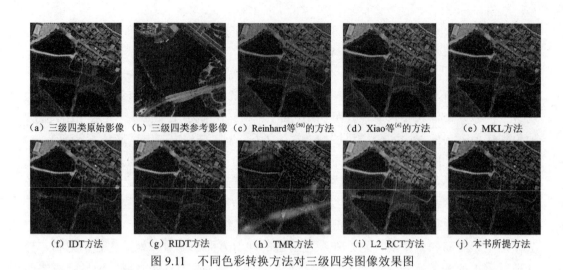

（a）三级四类原始影像　（b）三级四类参考影像　（c）Reinhard等[50]的方法　（d）Xiao等[6]的方法　（e）MKL方法

（f）IDT方法　　　　（g）RIDT方法　　　　（h）TMR方法　　　　（i）L2_RCT方法　　　（j）本书所提方法

图 9.11　不同色彩转换方法对三级四类图像效果图

对地物的着色效果更接近于"保守"的平均水平。其次，由于本书所提的色彩转换方法是基于全局考虑的，并且色彩感知具有一定的主观性，这会导致结果更着重于图像整体的颜色风格，缺乏对图像局部特征的理解。

9.4.2　定量实验分析

本小节通过颜色偏差 ΔE、结构相似度 SSIM 及特征相似度 FSIM 等指标对色彩转换相关的实验方法进行定量指标评价，表 9.6 为不同色彩转换方法的定量评价指标表。一方面，ΔE 指标主要是通过评估参考影像与结果影像之间的色彩差异，从而评估色彩转换的准确性和质量，以此来量化色彩转换方法的实际效果；另一方面，SSIM 和FSIM 指标主要是侧重对色彩转换结果的图像质量进行评价，通过考虑如梯度信息、亮度信息等，以评估转换后图像的结构与原始影像相似度。通过综合考虑以上两个方面的指标，对每个方法进行客观的分析。

表 9.6　不同色彩转换方法的定量评价指标表

图像	指标	Reinhard 等[50]	Xiao 等[6]	MKL	IDT	RIDT	TMR	L2_RCT	本书所提方法
单级两类图像	ΔE	15.099	16.503	16.526	16.714	16.475	10.694	17.314	16.386
	FSIM	0.910	0.953	0.942	0.932	0.965	0.896	0.943	0.984
	SSIM	0.759	0.757	0.763	0.730	0.765	0.593	0.716	0.787
双级三类图像	ΔE	11.661	13.030	13.125	12.730	12.935	9.398	14.352	12.588
	FSIM	0.778	0.854	0.826	0.794	0.919	0.898	0.881	0.963
	SSIM	0.730	0.671	0.754	0.706	0.797	0.650	0.625	0.840
三级四类图像	ΔE	16.885	18.534	18.427	17.392	17.303	10.872	18.784	17.280
	FSIM	0.945	0.970	0.976	0.929	0.970	0.843	0.945	0.971
	SSIM	0.753	0.595	0.766	0.714	0.758	0.564	0.690	0.791

在单级两类图像色彩转换相关评价中，TMR 方法 SSIM 与颜色差异指标虽然能够很好考虑原始影像前后局部特征的相似性，并且注重对局部颜色匹配，但是忽略了全局的一致性，没有根据整体图像结构的变化进行调整，从而使 SSIM 指标较低，图像表现也很差。相对来说，Reinchard 等[50]的方法在这一点上做到了平衡，在保证颜色相似度较高的情况下，也对图像整体与细节的信息都有所保留，但是该方法对亮度与对比度等信息欠缺考虑，并且图像中建筑与绿地的局部结构信息造成了丢失，导致整体偏黄偏暗，从而使 FSIM 和 SSIM 指标偏低。从综合考虑来看，本书所提方法兼顾了图像质量和色彩偏差两个方面，而其他方法指标均低于本书所提方法。

在双级三类图像色彩转换相关评价中，TMR 与 Reinhard 等[50]的方法依旧存在上述问题，过度注重了图像的色彩转换关系，而忽略了图像本身的结构与质量，IDT 方法没有保留建筑、绿地及水体的纹理细节信息，使地物的轮廓变得不清晰，因此，与原始影像相比结构相似性降低，导致 SSIM 与 FSIM 指标较低。RIDT 和 L2_RCT 方法虽然在颜色饱和度和视觉吸引力上取得了平衡，更注重产生良好的视觉效果，但是没有严格匹配参考影像的色彩信息，例如水体并没有与参考影像的色彩一致，所以整体指标也较差。Xiao 等[6]和 MKL 方法由于在色彩转换的匹配阶段引入了误差，建筑物的颜色被映射到错误的范围，从而表现为不自然的颜色和色差指标偏低。

在三级四类图像色彩转换相关评价中，Xiao 等[6]、MKL、TMR 及 L2_RCT 方法未能准确保持各地物类型区域之间的正确色彩映射关系，这种不准确的色彩映射导致颜色特征发生变化，从而影响 ΔE、SSIM 和 FSIM 指标的表现。IDT 和 RIDT 方法存在对地物不同区域颜色深浅的识别困难，导致绿地类型的色块在结果中失去了差异性。具体来说，在原始影像中绿地类型呈现多种不同的色块时，而在转换结果中这些色块却合并成了一种统一的颜色，使图像丢失原有的结构特征。而 Reinhard 等[50]的方法则过分强调某些颜色通道的权重，使相应指标出现下降，这些不足之处导致它们的综合评价低于本书所提方法，表明本书所提方法在保持正确色彩映射、边界细节信息的考虑及各颜色通道权重等综合方面表现得更为优越。

9.4.3 主观实验分析

主观实验分析有助于深入了解各种方法在主观感知中的表现，为了进行主观实验分析，本小节选择 20 位实验对象，其中包括 10 位男性和 10 位女性，以确保性别的平衡。在实验开始之前，对所有参与者进行详细介绍，让他们充分了解本次测评的内容和要求，以提高实验结果的可靠性。

实验对象根据事先设定的评分准则，主要关注颜色相似度（color similarity，CS）和整体和谐度（overall harmony，OH）两个主观评价维度，对以上不同色彩转换方法效果图进行打分，每个维度的最高分为 10 分，因此总分达到 20 分，这一设计旨在细致地评估图像转换的效果，在观察了三组客观色彩转换结果后，每位观察者对每幅图像进行独立的评分，并取所有观察者在颜色相似度和整体和谐度两个方面的总分作为最终结果分（表 9.7）。

表 9.7　不同色彩转换方法主观实验分析结果

评价维度	Reinhard 等[50]	Xiao 等[6]	MKL	IDT	RIDT	TMR	L2_RCT	本书所提方法
CS	8.8	7.8	7.5	8.4	8.1	9.2	7.2	8.6
OH	7.3	7.5	7.9	7.0	8.6	7.7	7.3	9.1
总分	16.1	15.3	15.4	15.4	16.7	16.9	14.5	17.7

根据表 9.7 主观实验分析结果，本书所提的色彩转换方法在各个指标方面都具优势，这表明本书所提方法在图像色彩转换领域具有一定的应用潜力，并为相关研究提供有益的思路。

9.4.4　其他数据集实验分析

本小节对提出的自适应色彩转换方法在其他广泛使用的数据集下表现的性能进行深入讨论。为了对方法在不同应用场景中的效果进行明确考量，仍然选择自制的谷歌遥感影像数据集进行实验。本实验分析是基于前文所进行遥感影像粗分类的基础工作进行的，用以评估色彩转换方法在不同遥感影像中的转换效果。

由图 9.12 可知，在原始影像和参考影像不同地物类别不平衡的情况下，通过调整参与全局色彩转换的不同地物类别之间的像素数比例，既解决了色彩转换所引入的不自然和色彩失真问题，又能确保最终的转换时保持原始影像的色彩特征，有效调整原始影像与参考影像之间的色彩匹配过程。

（a）两类原始影像

（b）两类参考影像

（c）本书所提方法两类结果

（d）三类原始影像

（e）三类参考影像

（f）本书所提方法三类结果

（g）四类原始影像　　　　　　　（h）四类参考影像　　　　　　（i）本书所提方法四类结果

图 9.12　色彩转换方法在其他数据集上的实验结果图

第 10 章

总结与展望

10.1 总 结

遥感影像作为人们获取地理信息的重要数据来源，在环境监测、农业发展和国土利用和规划等方面起着十分重要的作用，但是获取影像数据时容易受不均匀的光照、不同的环境条件和不同的传感器平台等因素的影响，导致遥感影像内部存在局部亮度和色彩分布不均匀现象，特别是在由若干幅影像拼接而成的多源拼接影像中，影像内部色彩差异较大，使影像看起来是由很多"色块"组成，严重影响了人类的视觉体验和后续的科研应用。本书针对多源拼接影像中色块间的颜色差异问题，提出了一种基于 HSV 颜色空间的影像色彩一致性全自动处理方法，具体内容如下。

（1）针对多源拼接影像中存在的亮度和色彩差异两方面的问题，系统总结了关于遥感影像匀光匀色方法的国内外研究现状。

（2）提出一种基于 HSV 颜色空间的全自动化色块提取方法，实现遥感影像中各个色块的自动化提取，具体过程包括对影像的 HSV 三分量进行大津法图像分割、小连通区去除、图像闭运算和多边形边界拟合等处理，并通过各类实验指标说明本书所提方法提取的色块较为准确。

（3）选择合适的参考影像，提出一种针对任意感兴趣区域的颜色转移技术，并对提取的各个色块进行色彩一致性处理从而实现色块间的颜色平衡。

（4）提出一种遥感影像色块接边处待匀色区域精确定位的方法，并利用自适应参考区域的分块 Wallis 匀色算法和均值滤波算法消除局部区域的色差现象，从而获得亮度和色彩分布均匀且视觉效果较好的多源拼接影像。

（5）选取处理效果较好的软件和匀色算法与本书提出的色彩一致性处理方法进行对比实验，并从数据集中选取 6 幅包括不同地物类型的多源拼接影像，在影像色块提取准确率、影像整体与局部色彩一致性和处理后影像整体质量三个方面选择相应的评价指标进行说明，实验证明，本书所提方法针对不同类型的影像均能获得最好的处理结果。

本书以遥感影像数据为研究对象，进一步阐述图像分割与色彩转换两个方面理论研究背景，分别对相关领域的国内外的研究现状进行梳理。针对当前遥感影像色彩转换存在的问题，本书提出基于残差估计的山地瞪羚阈值优化算法及基于区域生长合并与特征匹配提取的自适应色彩转换方法。

在进行全局色彩转换时，必须综合考虑原始影像和参考影像的整体颜色分布，以确保颜色特征信息得到有效匹配。然而，若两者的颜色分布因类别不平衡而存在差异，就会导致全局转换难以依据统计信息进行正确的匹配，造成区域混淆，这种不匹配会带来整体颜色偏移、局部地物色彩失真、色调变化和图像模糊等问题。为本书通过遥感地物的粗分类和自适应色彩转换两个方面来解决这一问题，涉及基于图像分割和色彩转换的深入研究，旨在通过粗分类得到地物对应的比例关系，以有效应对颜色分布的差异，提高全局色彩转换的准确性和自然度。

在遥感影像地物的粗分类方面,本书提出基于残差估计的山地瞪羚阈值优化算法,该部分可分为两种方法, 即 CR-MGO 方法和 RWT-FCM 方法。首先,本书采用 RWT-FCM 方法,利用初步的阈值与聚类分割相结合的方法,这一方法的基本步骤是以初始阈值作为起点,然后通过调整聚类分配的成员度置信度来完成聚类分割。这个调整的过程的主要目的是增强分割的稳健性,以此得到对噪声更具鲁棒性的阈值。然后,基于 RWT-FCM 方法的阈值结果,采用 CR-MGO 方法将该阈值作为先验阈值与元启发式算法与综合运用,以阈值分割的目标函数作为算法的待求解问题,在解空间中进行探索和优化,以寻找最优的阈值组合。利用元启发式算法的引导,确保在探索中进一步获得较好或接近最佳的阈值,为后续处理奠定基础。最后,在遥感影像地物粗分类的需求下,将本书所提方法与多个阈值分割方法进行定性、定量上的比较,对方法本身的稳健性分析、消融分析及在其他数据集上的实验分析后,证明本书所提阈值分割方法具有良好的分割效果。

在遥感影像的色彩转换方面,由于在影像粗分类结果中存在"小碎块"区域,在进行色彩转换时,这种无关像素的存在会干扰像素信息匹配,因此需要对误分类的小面积地物块进行区域预处理。首先,本书设计针对小块区域的连通合并方法对色彩转换的原始影像和参考影像进行预处理,它结合了小块区域的合并生长和特征提取,旨在减少零散小区域的数量,从而创造出更大、更连贯的图像片段。该方法根据图像数据的性质,利用像素强度相似性、颜色相似性、纹理相似性等相关特征来评估合并或扩大区域的标准,通过将具有相似特征的相邻像素区域归为一类,实现对图像不同地物类别的区域合并与扩展。其次,采用图像纹理特征比较与匹配提取框架,为了表示不同区域像素强度之间的统计关系,使用灰度共生矩阵来有效地捕捉像素之间的空间关系和灰度级别的分布,通过分析各个区域的灰度共生矩阵,找到原始影像和参考影像之间的最佳像素比例关系,从而实现后续图像间色彩转换的准确匹配。本书进行了客观和主观两个方面的实验,证明本书提出的色彩转换方法具有良好效果。

10.2 展　　望

获取卫星影像时,由于受光照、大气环境和其他条件的影响,影像内部出现亮度和色彩分布不均匀的现象,消除遥感影像内部色彩差异、保持影像整体色彩一致性对影像的后续应用有十分重要的现实意义。本书以解决多源拼接影像中各个色块间颜色差异为目的展开针对性的算法研究,并从数据集中选择不同类型的影像进行大量实验,虽然上述实验已经说明本书所提方法能够有效处理多源拼接影像中色彩分布不均匀现象,但是,在实验中也发现本书所提方法存在的不足之处,依然存在一些值得挖掘的相关研究方向。

(1)处理尺寸较大或色块较多的多色块拼接影像时,提取色块的操作耗费时间较长,因此如何减少提取色块操作的时间应是后续研究的重点,随着并行技术的出现,下一步可以研究如何利用并行技术实现尺寸较大或色块较多的影像的色彩一致性处理，从而提高算法的效率。

（2）本书提出的针对多源拼接影像中任意感兴趣区域的色彩一致性处理方法是在颜色转移的基础上进行的，该方法的不足之处在于未能全面考虑影像中的特殊区域，如高亮水域和部分阴影区域等，对于这些特殊的局部区域，即使选择合适的参考影像进行全局处理后，也不一定取得较好的处理效果。下一步可以根据特殊区域中地物的统计特征对影像中待处理的区域进行检测和筛选，标记特殊区域并进一步处理，提高结果影像的质量。

本书从遥感影像地物的粗分类和色彩转换两个方面，分别提出了基于残差估计的山地瞪羚阈值优化算法及基于区域生长合并与特征匹配提取的自适应色彩转换方法两种方法，获得了较好的阈值分割和色彩转换的结果。然而，本书在模型设计和实现的过程中也存在一定不足，以下是未来仍需深入研究的几个方面。

（1）在遥感影像的粗分类过程中，通过阈值分割的方式对不同的地物类型进行分类，但是由于阈值分割本身存在一些局限性，例如分割结果存在边缘毛刺、长而突出的边缘和非边缘孤立点等，不得不依赖后期的形态学方式对其进行处理来消除这种误分类的情况。因此，为了满足未来粗分类的更高的需求，应该考虑优秀的分割方法，以提高粗分类的准确率。

（2）在遥感影像的色彩转换过程中，由于本书提出的色彩转换方法是基于全局考虑的，在面对地物类型较为复杂的图像时，全局色彩转换仅仅依靠基于整个图像的像素统计信息调整，可能无法准确捕捉到局部的颜色特征。从数字图像的角度分析，全局色彩转换可能无法捕捉非线性的、复杂的颜色变化，当涉及某些局部区域的特定颜色调整时，线性映射可能无法提供足够的灵活性。未来可以从以下两个方面考虑：一方面可以引入图像的局部信息，例如局部对比度、亮度等信息，以便更好地捕捉图像中不同区域的局部特征，局部信息可以指导颜色转移过程，使其更适应图像的局部变化；另一方面可以考虑使用非线性映射来替代或补充线性映射，以增强色彩转换的适应性。

参 考 文 献

[1] 曹照清. 遥感图像处理的若干关键技术研究[D]. 南京: 南京航空航天大学, 2013.

[2] 易磊. 遥感影像色彩一致性处理技术研究[D]. 郑州: 解放军信息工程大学, 2015.

[3] 崔浩. 遥感影像增强及色彩一致性算法研究[D]. 兰州: 兰州交通大学, 2018.

[4] 朱述龙, 张振, 朱宝山, 等. 遥感影像亮度和反差分布不均匀性校正算法的效果比较[J]. 遥感学报, 2011, 15(1): 111-122.

[5] Inamdar S, Bovolo F, Bruzzone L, et al. Multidimensional probability density function matching for preprocessing of multitemporal remote sensing images[J]. IEEE Transactions on Geoscience and Remote Sensing, 2008, 46(4): 1243-1252.

[6] Xiao X, Ma L. Gradient-preserving color transfer[C]//Computer Graphics Forum. Oxford: Blackwell Publishing Ltd, 2009, 28(7): 1879-1886.

[7] Tai Y, Jia J, Tang C. Local color transfer via probabilistic segmentation by expectation-maximization[C]//2005 IEEE Computer Society Conference on Computer Vision and Pattern Recognition (CVPR'05), 2005.

[8] Al-Amri S S, Kalyankar N V. Image segmentation by using threshold techniques[J]. arXiv preprint arXiv: 1005. 4020, 2010.

[9] 王文滔, 闻德保. 遥感影像匀光算法综述[J]. 江苏科技信息, 2017(6): 51-55.

[10] 王密, 潘俊. 一种数字航空影像的匀光方法[J]. 中国图象图形学报(A 辑), 2004, 9(6): 744-748.

[11] 姚芳, 万幼川, 胡晗. 基于 Mask 原理的改进匀光算法研究[J]. 遥感信息, 2013, 28(3): 8-13.

[12] 史宁. 基于 Mask 方法的无人机航拍影像匀光处理[D]. 长春: 吉林大学, 2013.

[13] 王晶, 王刊生. 基于图像分割的数字航空影像匀光[J]. 地理空间信息, 2008(1): 77-79.

[14] 韩宇韬. 数字正射影像镶嵌中色彩一致性处理的若干问题研究[D]. 武汉: 武汉大学, 2014.

[15] Hsia S, Chen M, Chen Y. A cost-effective line-based light-balancing technique using adaptive processing[J]. IEEE Transactions on Image Processing, 2006, 15(9): 2719-2729.

[16] 张振. 光学遥感影像匀光算法研究[D]. 郑州: 解放军信息工程大学, 2010.

[17] Hsia S, Tsai P. Efficient light balancing techniques for text images in video presentation systems[J]. IEEE Transactions on Circuits and Systems for Video Technology, 2005, 15(8): 1026-1031.

[18] 程新. 基于同态滤波的图像增强算法研究[D]. 西安: 西安邮电学院, 2016.

[19] Nnolim U, Lee P. Homomorphic filtering of colour images using a spatial filter kernel in the HSI colour space[J]. IEEE Instrumentation and Measurement Technology Conference, 2008, 1(5): 1738-1743.

[20] Seow M, Asari V K. Ratio rule and homomorphic filter for enhancement of digital colour image[J]. Neurocomputing, 2006, 69(7): 954-958.

[21] 费鹏. 遥感影像匀光算法研究[D]. 北京: 中国科学院大学, 2013.

[22] Orsini G, Ramponi G, Carrai P, et al. A modified retinex for image contrast enhancement and dynamics control[J]. IEEE International Conference on Image Processing, 2003, 14(17): 393-396.

[23] Fu X, Sun Y, LiWang M, et al. A novel retinex based approach for image enhancement with illumination adjustment[C]//International Conference on Acoustics Speech and Signal Processing, 2014.

[24] 付仲良, 童春芽, 邵世维. 采用 FFTW 的 Retinex 及其在扫描地形图匀光中的应用[J]. 应用科学学报, 2010, 28(3): 297-300.

[25] 汪荣贵, 张新彤, 张璇, 等. 基于 Zernike 矩的新型 Retinex 图像增强方法研究[J]. 中国图象图形学报, 2011, 16(3): 310-315.

[26] 何惜琴, 许艳华. 基于 Retinex 理论的非均匀图像增强算法[J]. 机电技术, 2015(3): 28-30.

[27] 陈永亮. 灰度图像的直方图均衡化处理研究[D]. 合肥: 安徽大学, 2014.

[28] Wang Y, Chen Q, Zhang B. Image enhancement based on equal area dualistic sub-image histogram equalization method[J]. IEEE Transactions on Consumer Electronics, 1999, 45(1): 68-75.

[29] Chen S, Ramli A R. Contrast enhancement using recursive mean-separate histogram equalization for scalable brightness preservation[J]. IEEE Transactions on Consumer Electronics, 2003, 49(4): 1301-1309.

[30] Wang C, Ye Z. Brightness preserving histogram equalization with maximum entropy: A variational perspective[J]. IEEE Transactions on Consumer Electronics, 2005, 51(4): 1326-1334.

[31] Sim K S, Tso C P, Tan Y Y. Recursive sub-image histogram equalization applied to gray scale images[J]. Pattern Recognition Letters, 2007, 28(10): 1209-1221.

[32] 刘昱垚. 基于 Gamma 校正的图像对比度增强方法研究[D]. 呼和浩特: 内蒙古工业大学, 2021.

[33] Huang S, Cheng F, Chiu Y. Efficient contrast enhancement using adaptive gamma correction with weighting distribution[J]. IEEE Transactions on Image Processing, 2013, 22(3): 1032-1041.

[34] 俞小波, 方军, 李朝奎, 等. 单幅无人机影像匀光处理算法对比实验及结果分析[J]. 地理信息世界, 2019, 26(6): 96-103.

[35] 张力, 张祖勋, 张剑清. Wallis 滤波在影像匹配中的应用[J]. 武汉测绘科技大学学报, 1999(1): 24-27.

[36] 李治江. 彩色影像色调重建的理论与实践[D]. 武汉: 武汉大学, 2005.

[37] 朱巧云, 答星. 基于 Wallis 滤波器的异源遥感影像匀光方法[J]. 测绘与空间地理信息, 2012, 35(10): 130-132.

[38] 王密, 潘俊. 面向无缝影像数据库应用的一种新的光学遥感影像色彩平衡方法[J]. 国土资源遥感, 2006(4): 10-13.

[39] Sun M W, Zhang J Q. Dodging research for digital aerial images[J]. The International Archives of the Photogrammetry, Remote Sensing and Spatial Information Sciences, 2008, 37: 349-353.

[40] 田金炎, 段福洲, 王乐, 等. 基于 Wallis 与距离权重增强的无人机影像拼接缝消除[J]. 中国图象图形学报, 2014, 19(5): 806-812.

[41] 王烨, 张汉松. 面向地图制图的 Wallis 匀光算法研究[J]. 科技创新与应用, 2014(22): 32-33.

[42] Liu J, Wang X, Chen M, et al. Illumination and contrast balancing for remote sensing images[J].

Remote Sensing, 2014, 6(2): 1102-1123.

[43] Luo S. Improved Dodging Algorithm Based on Wallis Principle[J]. Geomatics Science and Technology, 2015, 3(3): 51-58.

[44] 李烁, 工慧, 工利勇, 等. 自适应分块加权 Wallis 并行匀色[J]. 遥感学报, 2019, 23(4): 706-716.

[45] Weinreb M P, Xie R, Lienesch J H, et al. Destriping GOES images by matching empirical distribution functions[J]. Remote Sensing of Environment, 1989, 29(2): 185-195.

[46] Jin S, Wang G. Interactive dodging inside a single remote sensing image[C]//IEEE 3rd International Conference on Multimedia Big Data, 2017.

[47] 张龙涛, 孙玉秋. 基于模糊熵改进的直方图匹配算法研究[J]. 西南大学学报(自然科学版), 2016, 38(4): 124-129.

[48] Han J, Yang S, Lee B. A Novel 3-D color histogram equalization method with uniform 1-D gray scale histogram[J]. IEEE Transactions on Image Processing, 2011, 20(2): 506-512.

[49] Nikolova M, Steidl G. Fast hue and range preserving histogram specification: Theory and new algorithms for color image enhancement[J]. IEEE Transactions on Image Processing, 2014, 23(9): 4087-4100.

[50] Reinhard E, Ashikhmin M, Gooch B. Color transfer between images[J]. IEEE Computer Graphics and Applications, 2001, 21(5) : 34-41.

[51] Xiao X M L. Color transfer between images in correlated color space[C]//2006 ACM International Conference on Virtual Reality Continuum and its Applications, 2006.

[52] Wu Z, Xue R. Color transfer with salient features mapping via attention maps between images[J]. IEEE Access, 2020, 8: 104884-104892.

[53] Brown M, Lowe D G. Automatic Panoramic image stitching using invariant features[J]. International Journal of Computer Vision, 2007, 74(1): 59-73.

[54] Qian Y, Liao D, Zhou J. Manifold alignment based color transfer for multiview image stitching[C]// IEEE International Conference on Image Processing, 2013.

[55] Xia M Y J X R. Color consistency correction based on remapping optimization for image stitching[C]// IEEE International Conference on Computer Vision Workshops, 2017.

[56] Xia M, Yao J, Gao Z. A closed-form solution for multi-view color correction with gradient preservation[J]. ISPRS Journal of Photogrammetry and Remote Sensing, 2019, 157: 188-200.

[57] Yu L, Zhang Y, Sun M, et al. An auto-adapting global-to-local color balancing method for optical imagery mosaic[J]. ISPRS Journal of Photogrammetry and Remote Sensing, 2017, 132: 1-19.

[58] Zhou X. Multiple auto-adapting color balancing for large number of images[J]. The International Archives of the Photogrammetry, Remote Sensing and Spatial Information Sciences, 2015, XL-7/W3: 735-742.

[59] Otsu N. A threshold selection method from gray-level histograms[J]. IEEE Transactions on Systems, Man, and Cybernetics, 1979, 9(1): 62-66.

[60] Abdullah S N H S, Abdullah S, Petrou M, et al. A portable rice disease diagnosis tool basedon Bi-level color image thresholding[J]. Applied Engineering in Agriculture, 2016, 32(4): 295-310.

[61] Yang P, Song W, Zhao X, et al. An improved Otsu threshold segmentation algorithm[J]. International Journal of Computational Science and Engineering, 2020, 22(1): 146-153.

[62] Mostafa M M, Shaker M, Zahran S, et al. Augmented doppler filter bank based approach for enhanced targets detection[J]. Networks (GAN), 2023, 6: 7.

[63] Zhang J, Li H, Tang Z, et al. An improved quantum-inspired genetic algorithm for image multilevel Thresholding segmentation[J]. Mathematical Problems in Engineering, 2014, 4: 1-12.

[64] Wang C, Yang J, Lv H. Otsu multi-threshold image segmentation algorithm based on improved particle swarm optimization[C]//2019 IEEE 2nd International Conference on Information Communication and Signal Processing (ICICSP), 2019.

[65] Bhandari A K, Kumar A, Singh G K. Modified artificial bee colony based computationally efficient multilevel thresholding for satellite image segmentation using Kapur's, Otsu and Tsallis functions[J]. Expert Systems with Applications, 2015, 42(3): 1573-1601.

[66] Mamindla A, Ramadevi Y. Improved ABC algorithm based 3D Otsu for breast mass segmentation in mammogram images[J]. International Journal of Intelligent Engineering & Systems, 2023, 16(2): 218-310.

[67] Abdollahzadeh B, Gharehchopogh F S, Khodadadi N, et al. Mountain gazelle optimizer: A new nature-inspired metaheuristic algorithm for global optimization problems[J]. Advances in Engineering Software, 2022, 174: 103282.

[68] Debelee T G, Schwenker F, Rahimeto S, et al. Evaluation of modified adaptive k-means segmentation algorithm[J]. Computational Visual Media (Beijing), 2019, 5(4): 347-361.

[69] Simaiya S, Lilhore U K, Prasad D, et al. MRI brain tumour detection & image segmentation by Hybrid hierarchical k-means clustering with FCM based machine learning model[J]. Annals of the Romanian Society for Cell Biology, 2021, 25(1): 88-94.

[70] Srinivas A, Prasad V V K D, Kumari B L. Level set segmentation of mammogram images using adaptive cuckoo k-means clustering[J]. Applied Nanoscience, 2023, 13(3): 1877-1891.

[71] Wang C, Pedrycz W, Li Z, et al. Residual-driven fuzzy C-means clustering for image segmentation[J]. IEEE/CAA Journal of Automatica Sinica, 2020, 8(4): 876-889.

[72] Liu M, Yu X, Shi Y. IFCM clustering segmentation based on genetic algorithm[C]//33rd Chinese Control and Decision Conference, 2021.

[73] Ding W, Feng Z, Andreu-Perez J, et al. Derived multi-population genetic algorithm for adaptive fuzzy C-means clustering[J]. Neural Processing Letters, 2023, 55(3): 2023-2047.

[74] Lei K, Feng X, Yu W. A shadow detection method based on SLICO superpixel segmentation[C]// 2021 International Symposium on Computer Technology and Information Science (ISCTIS), 2021.

[75] Sabaneh K, Sabha M. Improving SLIC superpixel by color difference-based region merging[J]. Multimedia Tools and Applications, 2023, 10(7): 1-19.

[76] Long J, Shelhamer E, Darrell T. Fully convolutional networks for semantic segmentation[C]//IEEE Conference on Computer Vision and Pattern Recognition, 2015.

[77] Yang H, Huang C, Wang L, et al. An improved encoder-decoder network for ore image

segmentation[J]. IEEE Sensors Journal, 2020, 21(10): 11469-11475.

[78] Wang H, Gao N, Xiao Y, et al. Image feature extraction based on improved FCN for UUV side-scan sonar[J]. Marine Geophysical Researches, 2020, 41(4): 1-17.

[79] Han G, Zhang M, Wu W, et al. Improved U-Net based insulator image segmentation method based on attention mechanism[J]. Energy Reports, 2021, 7: 210-217.

[80] Sahu K, Minz S. Adaptive segmentation with intelligent ResNet and LSTM-DNN for plant leaf multi-disease classification model[J]. Sensing and Imaging, 2023, 24(1): 22.

[81] Pouli T, Reinhard E. Progressive color transfer for images of arbitrary dynamic range[J]. Computer & Graphics, 2011,35(1): 67-80.

[82] Pitie F, Kokaram A C, Dahyot R. N-dimensional probability density function transfer and its application to color transfer[C]//Tenth IEEE International Conference on Computer Vision (ICCV'05) Volume 1, 2005.

[83] Su Z, Deng D, Yang X, et al. Color transfer based on multiscale gradient-aware decomposition and color distribution mapping[C]//20th ACM International Conference on Multimedia, 2012.

[84] Gong H, Finlayson G D, Fisher R B. Recoding color transfer as a color homography[J]. arXiv preprint arXiv: 1608. 01505, 2016.

[85] Gong H, Finlayson G D, Fisher R B, et al. 3D color homography model for photo-realistic color transfer re-coding[J]. The Visual Computer, 2019, 35(3): 323-333.

[86] Li Y, Li Y, Yao J, et al. Global color consistency correction for large-scale images in 3-D reconstruction[J]. IEEE Journal of Selected Topics in Applied Earth Observations and Remote Sensing, 2022, 15: 3074-3088.

[87] Xiao X, Ma L. Gradient-preserving color transfer[J]. Computer Graphics Forum, 2009, 28(7): 1879-1886.

[88] Yang X, Su Z, Wang D. Local color transfer via color classification[C]// International Conference on Audio, Language and Image Processing, 2012.

[89] Hristova H, Le Meur O, Cozot R, et al. Style-aware robust color transfer[C]// CAE '15: Proceedings of the Workshop on Computational Aesthetics, 2015.

[90] Protasiuk R, Bibi A, Ghanem B. Local color mapping combined with color transfer for underwater image enhancement[C]// IEEE Winter Conference on Applications of Computer Vision (WACV), 2019.

[91] Wang J, Du Z. Local color transfer based on optimal transmission theory[C]// Seventh Symposium on Novel Photoelectronic Detection Technology and Applications, SPIE, 2021.

[92] Zhu X, Hu E. A local color transfer method based on optimal transmission[C]// Fifth International Conference on Artificial Intelligence and Computer Science (AICS 2023), SPIE, 2023.

[93] Liu S, Sun H, Zhang X. Selective color transferring via ellipsoid color mixture map[J]. Journal of Visual Communication and Image Representation, 2012, 23(1): 173-181.

[94] Zhang L, Li M, Wang Y, et al. Emocolor: An assistant design method for emotional color matching based on semantics and images[J]. Color Research and Application, 2023, 48(3): 312-327.

[95] Gatys L A, Ecker A S, Bethge M. Image style transfer using convolutional neural Networks[C]// IEEE Conference on Computer Vision and Pattern Recognition, 2016.

[96] Penhouët S, Sanzenbacher P. Automated deep photo style transfer[Z]. Ithaca: Cornell University Library, arXiv. org, 2019, arXiv: 1901. 03915.

[97] Afifi M, Brubaker M A, Brown M S. Histogan: Controlling colors of gan-generated and real images via color histograms[C]// IEEE/CVF Conference on Computer Vision and Pattern Recognition, 2021.

[98] Li K, Fan H, Qi Q, et al. TCTL-Net: Template-free color transfer learning for self-attention driven underwater image enhancement[J]. IEEE Transactions on Circuits and Systems for Video Technology, 2023: 1-10. doi: 10. 1109/TCSVT. 2023. 3328272.

[99] 杨璟, 朱雷. 基于 RGB 颜色空间的彩色图像分割方法[J]. 计算机与现代化, 2010(8): 147-149, 171.

[100] 张国权, 李战明, 李向伟, 等. HSV 空间中彩色图像分割研究[J]. 计算机工程与应用, 2010, 46(26): 179-181.

[101] 周丽雅, 秦志远, 尚炜, 等. 反差一致性保持的影像匀光算法[J]. 测绘科学技术学报, 2011, 28(1): 46-49.

[102] 张荞, 张艳梅, 蒙印. 基于直方图匹配的多源遥感影像匀色研究[J]. 地理空间信息, 2020, 18(12): 54-57.

[103] Xiao X, Ma L. Color transfer in correlated color space[C]// ACM International Conference on Virtual Reality Continuum and its Applications, 2006.

[104] Xue W, Zhang L, Mou X, et al. Gradient magnitude similarity deviation: A highly efficient perceptual image quality index[J]. IEEE Transactions on Image Processing , 2014, 23(2): 684-695.

[105] Lausch A, Baade J, Bannehr L, et al. Linking remote sensing and geodiversity and their traits relevant to biodiversity Part I: Soil characteristics[J]. Remote Sensing, 2019, 11(20): 2356.

[106] Harifi S, Khalilian M, Mohammadzadeh J, et al. Emperor penguins colony: A new metaheuristic algorithm for optimization[J]. Evolutionary Intelligence, 2019, 12(2): 211-226.

[107] Chen W, Huang M, Wang C. Optimizing color transfer using color similarity measurement[C]// IEEE/ACIS 15th International Conference on Computer and Information Science (ICIS), 2016.

[108] Chen Q. Multi-threshold image segmentation based on clustering method[J]. Journal of Terahertz Science and Electronic Information Technology, 2018, 16(4): 715-718.

[109] Liu J, Liu Y, Ge Q. Infrared image segmentation based on gray-scale adaptive fuzzy clustering algorithm[J]. Multimedia Tools and Applications, 2017, 76(8): 11111-11125.

[110] Ma G, Yue X. An improved whale optimization algorithm based on multilevel threshold image segmentation using the Otsu method[J]. Engineering Applications of Artificial Intelligence, 2022, 113: 104960.

[111] Zhou D, Xia Z. An improved Otsu threshold segmentation algorithm[J]. Journal of the China University of Metrology, 2016, 27(3): 319-323.

[112] QU L, CHEN G, HU J, et al. A review of single-pass connected component analysis algorithms[J]. Acta Electonica Sinica, 2022, 50(6): 1521.

[113] Haralick R M, Shanmugam K, Dinstein I H. Textural features for image classification[J]. IEEE Transactions on Systems, Man, and Cybernetics, 1973(6): 610-621.

[114] Haralick R M. Statistical and structural approaches to texture[J]. Proceedings of the IEEE, 1979, 67(5): 786-804.

[115] Nikoo H, Talebi H, Mirzaei A. A supervised method for determining displacement of gray level co-occurrence matrix[C]// 7th Iranian conference on machine vision and image processing, IEEE, 2011.

[116] Manjunath B S, Ma W. Texture features for browsing and retrieval of image data[J]. IEEE Transactions on Pattern Analysis and Machine Intelligence, 1996, 18(8): 837-842.

[117] Yoo J, Park M, Cho J, et al. Local color transfer between images using dominant colors[J]. Journal of Electronic Imaging, 2013, 22(3): 33003.

[118] Hu Q, Zhang N, Fang T, et al. Image recoloring of printed fabric based on the salient map and local color transfer[J]. Textile Research Journal, 2022, 92(21-22): 4422-4436.

[119] Wang J, Zheng Z, Ma A, et al. LoveDA: A remote sensing land-cover dataset for domain adaptive semantic segmentation[Z]. arXiv, 2021, arXiv: 2110. 08733.

[120] Qian Y, Tu J, Luo G, et al. Multi-threshold remote sensing image segmentation with improved ant colony optimizer with salp foraging[J]. Journal of Computational Design and Engineering, 2023, 10(6): 2200-2221.

[121] Wang Z, Mo Y, Cui M, et al. An improved golden jackal optimization for multilevel thresholding image segmentation[J]. Plos One, 2023, 18(5): e285211.

[122] Gui B, Bhardwaj A, Sam L. Evaluating the efficacy of segment anything model for delineating agriculture and urban green spaces in multiresolution aerial and spaceborne remote sensing images[J]. Remote Sensing, 2024, 16(2): 414.

[123] Wang Z, Bovik A C, Sheikh H R, et al. Image quality assessment: From error visibility to structural similarity[J]. IEEE Transactions on Image Processing, 2004, 13(4): 600-612.

[124] Zhang L, Zhang L, Mou X, et al. FSIM: A feature similarity index for image quality assessment[J]. IEEE Transactions on Image Processing, 2011, 20(8): 2378-2386.

[125] Sarkar S, Paul S, Burman R, et al. A fuzzy entropy based multi-level image thresholding using differential evolution: Swarm, Evolutionary, and Memetic Computing[C]// 5th International Conference, SEMCCO, 2014.

[126] Rodríguez-Esparza E, Zanella-Calzada L A, Oliva D, et al. An efficient Harris hawks-inspired image segmentation method[J]. Expert Systems with Applications, 2020, 155: 113428.

[127] Oliva D, Cuevas E, Pajares G, et al. Multilevel thresholding segmentation based on harmony search optimization[J]. Journal of Applied Mathematics, 2013, 10: 1-24.

[128] Xue J, Shen B. Dung beetle optimizer: A new meta-heuristic algorithm for global optimization[J]. The Journal of Supercomputing, 2023, 79(7): 7305-7336.

[129] Pitié F, Kokaram A, Dahyot R. Towards automated colour grading[C]// 2nd IEE European Conference on Visual Media Production, 2005.

[130] Pitié F, Kokaram A C, Dahyot R. Automated colour grading using colour distribution transfer[J]. Computer Vision and Image Understanding, 2007, 107(1): 123-137.

[131] Pitié F, Kokaram A. The linear monge-kantorovitch linear colour mapping for example-based colour transfer[C]// IET Conference Proceedings, London, UK, 2007.

[132] Pitié F, Kokaram A, Dahyot R, et al. Enhancement of digital photographs using color transfer techniques, Boca Raton: CRC Press, 2018.

[133] Grogan M, Dahyot R. L2 Divergence for robust colour transfer[J]. Computer Vision and Image Understanding, 2019, 181: 39-49.

[134] Nguyen R M, Kim S J, Brown M S. Illuminant aware gamut-based color transfer[C]// Computer Graphics Forum, 2014.

[135] Rabin J, Delon J, Gousseau Y. Removing artefacts from color and contrast modifications[J]. IEEE Transactions on Image Processing, 2011, 20(11): 3073-3085.